岩波現代文庫／学術 390

確率論と私

伊藤 清

岩波書店

目　次

I　忘れられない言葉

忘れられない言葉

私が小学校の一年か二年のころのことである。私の友人のＩ君に高等女学校(現在の中学に相当)一、二年の姉さんがあった。学校でも成績が良いというので、彼女を尊敬していた。難しい字の読み方など教えてもらったと思うが、何も覚えていない。ただ一つ彼女から教わったことで、五五年も過ぎた今も、私の心にはっきり残っている言葉がある。あるとき、彼女が「哲学とは何か」と聞くから、私はもちろん「知らない」と言った。すると彼女は

「哲学とは宇宙の原理、原則を研究する学問なり」

と言って、辞書を見せた。小学校の一、二年の私にそれが読めたとも思えないし、ましてその意味が分かるはずもなかった。それにもかかわらず、この言葉が私にとって一生忘れられない言葉となった。その後中学(旧制)に入って、どういう字を書くかは、自然に分かったが、実際書いたのは、この原稿が初めてである。

哲学は中学の教科にはなかったが、高校(旧制八高)に入ると、哲学という言葉が生徒の間にはんらんしていた。デカルト、カント、ショーペンハウエル、マルクス、唯心論、唯物論、観念論など耳にたこができるほど聞かされた。巌頭之感《がんとう》を残して華厳の滝に投身自殺した一高生は崇敬の的であった。文科の生徒の中にはカントの『純粋理性批判』を原書で読んでいるという熱心な者もいた。私もその哲学の坩堝《るつぼ》の中に巻き込まれて、口角あわを飛ばしていた。しかし正直に言って、哲学青年の議論は、余りにも主観的、内面的、形而上《けいじじょう》的で、理科の生徒の私の心にしっくりしないものがあった。I君の姉さんの「宇宙の原理、原則を研究する学問」という言葉には、もっと客観的な響きがあり、そういう哲学を知りたいと、無意識的に考えていた。

「宇宙の原理、原則を研究する学問」らしいものの一端に触れたのは、「ニュートン力学と微分積分学との関連」を、高校の三年から大学(東大理学部数学科)にかけて、習ったときである。落体の運動、放物体の運動、天体の運動がすべてニュートンの運動の三法則と万有引力の法則から、微分方程式を解くことによって完全に決定されるということは、これこそ「宇宙の原理、原則を研究する学問」であると感動した。宇宙というのは自然界、人間界の森羅万象《しんらばんしょう》をすべて含めたものであろうが、具体的にすぐに頭に浮かぶのは星のきらめく大空である。あの無数の星の運動がすべてニュートンの微分方程式に従っているとすれば、微分方程式こそ「宇宙の原理、原則」ではなかろうか。更に流体力学、電磁気学も偏微分方程式で記述されることを知って、次第に数学を「宇宙の原理、原則を研究する学問」と思うようになった。

しかし、そのころ数学の主流は、数学概念の論理的構造を解明するという抽象的な純粋数学にあり、十八、十九世紀の数学のように宇宙の原理、原則を研究するという態度は傍流であったと思う。私も純粋数学に興味を持ったけれども、ニュートン力学から受けたような感動は得られなかった。当時熱力学、統計力学は、理論物理学の他の分野のようには、数学的には十分整理されていなかった。それは、その数学的手段となる確率論が十分発展していなかったからであろう。大学を卒業したころに、確率論がようやく数学らしい体裁を整えてきたので、私はこの方面に興味を持って、「I君の姉さんの言葉」をこの分野で実現しようと思って、確率過程論を専門とすることにした。幸いにこの理論は次第に数学者の関心を引き、ここ四十年間に飛躍的な進歩をしたので、私も楽しく研究を続けることができた。大学を出て間もなく、確率微分方程式の研究に着手したのも、無意識的に彼女の言葉に導かれていたように思われる。

数学に純粋数学と応用数学がある。前者は数学概念の論理構造の解明に力点を置くが、後者は「宇宙の原理、原則」を叙述するための数学を作っていくということを意識して、研究を進める分野で、応用数学というよりも数理科学または数理解析学というべきであろう。

よく考えてみると、「宇宙の原理、原則を研究する」という客観的な態度は哲学者のものではなく、むしろ数理解析学者のものであろう。哲学は主観、客観を含めて考察する内面性を帯びたもので、私の高校時代の哲学青年の考えていたものも、そういう意味の哲学であった。I君の姉さんが私に教えてくれたのは、「哲学」というよりも、「数理解析学」というべきものであろう。私が、「哲学」、「純粋数学」の門をくぐり抜け、「数理解析学」の研究を続けてきて、現在京都大学の数理解析研究所に勤めているのは、彼女の言葉が心の奥底にあったからではなかろうか。

私はその後彼女に会ったことはないが、自分の年齢から考えて、もう七十歳近くになっておられるはずである。この間中学の同窓会に出て、偶然彼女が同窓会長W氏の奥さんであることを知り、五五年振りに、電話で彼女と話したが、お互いにいい知れぬ懐かしさを感じた。あのときに彼女の見せた辞書は『言海』だと思っていたが、そのころの版の『言海』を見ても、哲学の意味を「宇宙の原理、原則を研究する学問」と書いたものは見当たらない。してみると、これは彼女自身の言葉であり、私はそれに導かれて、今まで研究生活を続けてきたのであろうか。実に感概無量である。（一九七八・一二）

数学の研究を始めた頃

東大理学部数学科を卒業した昭和十三(一九三八)年から、名古屋大学に助教授の職を得た昭和十八(一九四三)年までの五年間、大蔵省、内閣統計局に勤めながら東京にいた。この五年間が、私が数学の研究を始めた頃《ころ》である。

一見無秩序に見える現象の中に統計的法則があるという事実に、学生時代から心を惹《ひ》かれていて、これを解明する数学が確率論であると漠然と感じていた。それで大学の三年頃から確率論に関する論文や著書を少しずつ読んでいる中《うち》に、次第に統計的法則の数学的本質がよくわかるようになってきた。ただこれらの研究で、確率変数という基本概念については、直観的説明があるだけで、明確な定義が与えられていないので、土台が欠けているような感じで物足らなかった。

厳密な定義をもとにして数学体系をつくるというのは、現在では当然のことと考えられているが、これが数学全分野に行き亘《わた》ったのは最近のことである。微分積分学でも、十九世紀末に実数の厳密な定義が与えられ、初めて現代的な数学体系といえるようになったのである。私は幸いに、この体系の微分積分学の講義をきくことができた。しかし、当時の確率論の論文や著書は、このような現代数学の立場で書かれていなかった。微分積分学に比していえば、十九世紀的叙述であった。

確率論の基礎概念である確率変数を如何《いか》に定義すべきかについて、自分なりにいろいろ思い悩んでいる中《うち》に、ソビエトの数学者コルモゴロフの『確率論の基礎概念』に接した。この本は大学一年のとき「丸善」で見たこともあったが、勿論《もちろん》何の関心も持たなかった。大学卒業直後に再びこの本を見たときには、これこそ自分の欲求を満たしてくれるものと知り、一気に読み通した。確率変数を確率空間の上の関数として定義し、測度論の言葉で確率論を体系化しようという試みである。この立場にたったとき、今まで朦《もう》朧《ろう》としていたものが、霧が晴れるように明らかになり、これで確率論が現代数学の一分野といえると確信するに至った。

基礎はこれで固まったとして、つぎは確率論の内容である。当時の研究の大部分は、統計法則の数学的解明を念頭において独立確率変数列の行動を調べるというものであった。微分積分学でいえば、級数論に相当する部分である。勿論それよりも難しく、また内容も豊かなものであったが、数学の他の分野に較《くら》べると、貧弱に思われ、これに打ち込むという気はおこらなかった。

確率論の内容に真に興味を覚えたのは、昭和十二(一九三七)年にでたフランスの数学者ポール・レヴィの独立確率変数の和の理論を読んだ時である。これは、確率過程(微分積分学の関数に対応する確率論的概念)の本格的な研究の大きい第一歩を踏み出したもので、私はこの中に真に新しい確率論の本質を見出し、これなら精魂傾けて深く研究したいと思った。

多くの開拓者の仕事がそうであるように、レヴィのこの理論の叙述は直観的な把握にもとづく部分が多く、理解し難いというのが定評であった。それで、これをコルモゴロフ流の厳密な表現に書きかえようと試み、アメリカの数学者ドゥブが導入した正則化という概念を用いて、いろいろ苦心した結果、目的を達することができた。これが私の最初の論文で、現在では、私の方法でレヴィの理論を叙述するのが普通になっている。

レヴィのこの理論は、加法過程とよばれるものの研究であるが、これよりも一般的なマルコフ過程もおいおい研究され始めていた。それらの研究の中で、コルモゴロフの研究が偏微分方程式に深い関連を持ち、これに心を惹かれた。この研究を、レヴィが加法過程について行った眺め方で、自分に納得できる形にしたいと思って工夫している中《うち》に、確率微分方程式の考えに到達した。これは、私のその後の研究の出発点となり、今もこれを続けている。この論文は、発表当時は殆《ほとん》ど注目されなかったが、十数年前から多数の研究者がこの理論の発展に寄与し、現在では確率論の大きい分野に成長した。

私は自分のやりたい問題を自分流儀にやるという態度に徹してきた。性格上そうしかできなかったのである。このためまわり道をしたり、すぐに成果が現れないで苦しい思いをしたことも多い。この暗中模索の時代に私の心の支えとなったのは、恩師彌永昌《いやながしょう》吉《きち》先生である。先生は専門の整数論のみならず、数学全般に亘って広い視野と先見の明をもって居《お》られた。研究途上の段階で、腹案などを話しても、先生はよく聞いて、よい示唆を与えて下さった。あるとき「伊藤君は自分の問題をもっていて、自分の体系を作ろうとする所がよい」と励まして下さった。この温情あふれた言葉がなければ、私は挫《ざ》折《せつ》したかも知れない。この機会に先生に深い感謝の意をささげたい。

（一九八四）

直観と論理のバランス

高木《たかぎ》貞治《ていじ》先生に初めてお目にかかったのは、昭和十(一九三五)年四月に東大数学科に入学したときです。しかし先生の著書に接したのは、それより前で、郷里の図書館で、先生の『新式算術講義』(博文館、一九〇四)を読んだときです。算術というのは小学校の数学(算数)のことですから、何げなく開いて見て驚きました。実はこの本の内容は現在の実数論で、有理数から無理数を厳密に定義する方法として、デデキント、ワイエルシュトラス、カントルによる三方法を詳しく説明してありました。私の頃には数学の本は横書きときまっていましたが、この本は明治三十七年刊行ですから、縦書きでした。「本邦にはフットノートと称すべきものがないから、章末に集めて記する」というようなことが書いてあって、思わず苦笑したのを覚えています。この本を読むまでは、平方根や対数を常識的に理解していた私は、数学がいかに厳密で、確固たる論理の上に立っているかということを知りました。

大学に入学したとき、先生が数学科の新入生に対するオリエンテーションをせられました。お話は図書室の利用に関する注意など極めて簡単で、大学生を学者の卵として取りあつかっていた当時の大学の自由な雰囲気を感じました。

大学に入学した年は、先生が東大を定年退官せられた年の一年前でしたから、私たちのクラスは先生の最後の講義をきいたことになります。講義の科目は「微分積分学」で、一週四回、各回五十分でした。当時数学科の学生は十二、三名でしたが、物理学科、天文学科、地震学科の学生にも、「微分積分学」は必修科目でしたから、四、五十名聴講していたと思います。そのためか、講義室はバラック建の広い教室でした。先生はモダンでヨーロッパ風の所があって、いつも定時より、十五分位遅れて講義を始められました。後に私はデンマークに三年いましたが、講義でも会議でもすべて定時より十五分遅く始まり、特に定時に始まるときにはわざわざプレシスとことわってありました。そのとき先生の講義を思い出しました。

私はその頃から、左の耳が少し遠かったので、講義は最前列で聞くことにしていました。先生はどちらかといえば、小さい声で講義せられましたが、最前列にいる私にはよく聞えました。講義の内容は、先生の名著『解析概論』でした。まだこの本は単行本となっていなくて、岩波講座『数学』の中に入っていました。先生の講義は極めて簡潔で、常に本質を的確にのべられ、大変分りやすく、またノートもとりやすかったと思います。

講義は、実数の性質として、上に有界な単調増加列は極限値をもつということを前提として始められました。厳密にいうといくらでも遡ることになるから、この辺から始めるとおっしゃったように記憶しています。私は『新式算術講義』で実数の厳密な定義をしておられるのを覚えていましたので、この出発のしかたは意外でしたが、暫らく聞いている中《うち》に先生が直観と論理とのバランスを考えて講義を進められるのがよく分りました。先生の講義は悠揚迫らずという感じでしたが、同じことを二度くりかえされないのが特長で、熱心に聞いている必要がありました。一回三十分余りで、必ず一つのトピックをすまされるので、講義をきいた後に、一種の充実感を味わうことができました。

『解析概論』には、さりげないユーモアのある表現で、直観的な本質を説明しておられるところがいくつかありますが、講義にもそういうところがありました。空間曲線に関するフレネ－セレの公式を説明せられたとき、前に右手を伸ばして、これが切線(接線)、左手を横にして主法線、頭の方を指して陪法線(従法線)といわれ、切線の方へ歩きながら、身体を少し左に傾けて、この三線の間の関係を説明されましたので、見ていても楽しく、よく分ったような気がしました。

このような調子で講義をせられましたが、全く無駄のない講義なので、知らぬ間にどんどん進んで、『解析概論』の厖大な内容を一年間で殆どカバーされたのは不思議な程でした。実は私自身も大学で教職について、何回も解析の講義をすることになりましたが、いつも直観と論理とのバランスがとれず、とかく冗長になり、自己満足のために講義しているのか、学生のために講義しているのか分らないままに、一年間すぎて、予定の内容の半分もすますことができませんでした。いつも講義を始めるときには、必ず『解析概論』を参考書として挙げて、今度こそ先生の講義にいくらかでも近い講義をしようと思ったのですが、一回も満足な講義ができないで、定年退職することになってしまいました。

先生の講義からは沢山のことを学びましたが、先生とお話をすることは学生時代には一度もありませんでした。したがって、先生が私の名前を覚えておられるとも思っていなかったのです。卒業後就職して間もなく学生控室にいましたら、先生から声をかけられ、恐縮すると同時に、非常に嬉しかったことを覚えています。

その後昭和二十九年にプリンストンに出発する前に、先生のお宅に御挨拶に伺いました。上がれといわれるので、初めて先生からゆっくりお話を伺うことができました。世俗に超然として数学の研究と教育にうちこまれ、不滅の業績を残された先生を前にしていい知れぬ深い感銘を受けました。

当時先生はすでに八十歳になっておられたのですが、角谷静夫さんや小平邦彦君が長くアメリカに滞在していた時期で、日本の数学の将来について、懸念しておられるような印象を受けました。その後三十年、日本の数学が国際的に第一線に近づき、四年後(一九九〇年)には国際数学者会議が、欧米以外に初めて日本で開催されることになり、日本の若い数学者が自信をもって国際的に活躍し始めた現状を先生が御覧になったら、さぞかし満足せられたことと思います。

(一九八六)

Ⅱ　数学の二つの柱

科学と数学

1 喩え話

幕末のある大きい商家の元旦の光景である。主人は番頭と足のついた立派な将棋盤に向って将棋を指している。駒の字も彫ってある。手代《てだい》と丁稚《でっち》は足のない盤面にかがみこんでいる。駒の字は漆《うるし》で書いたものである。小さい二人の子供は厚紙に線をひいて作った盤で遊んでいる。駒も厚紙で、面倒だったのか、五角形でなく、いびつな二等辺三角形で、字も仮名で「おう」「ふ」と書いている。さらに盤面の線が一本足りなかったので、駒を枠の中におかず、碁のように線の交わりにおいている。二人の息子は将棋盤がないので、煙草を吹かしながら、「めくら将棋」をしている。ここに知り合いの異人が訪れた。彼が文人ならば、「元旦。某家に訪れたるに、男どもは二人ずつに分れて、ゲームに興じ、いとも楽しげなりき」とでも日記に書くであろう。

しかし、もしこの異人が科学者ならば、楽しげであるか否かには関心がなく、この異様ないくつかのゲームは、外見は違っているが、ルールは同じではないかと考え、そのルールを発見しようと、よく観察し、要点を書きとどめておくであろう。このルールのメモを見た数学者は、それを厳密に表現し、そのルールには矛盾はないか、また勝負のつかないことが起らないかを検討するであろう。

この喩え話で、自然現象を神のゲームと見なし、自然法則をそのルールと考えると、その意味するところがわかるであろう。ただ神のゲームは将棋よりははるかに複雑であるから、科学者はそのルールを完全に把握することができない。ある程度の誤差を含む「近似的ルール」を知り得るのである。観測方法、実験方法が進むにつれて、より正確なものが得られる。

科学者が発見した近似法則を数学者が磨きをかけて、矛盾のない論理体系としてまとめあげてから、科学者が頭の中でこのルールでゲームをして、自然現象を近似的に再現することができる。この方法で自然現象の予報が可能になるのである。これが「自然」と「科学」と「数学」との理想的な図式であり、その典型的な例として、よくあげられるのは、

ケプラーの法則
落体の法則 ＞ ニュートン力学と微分積分学——冥王星の発見
弾道の法則

である。

2　純粋数学と応用数学

数学はどの分野でも、もとを糾《ただ》せば、ある種の自然現象の法則を整理して組みたてたものであるが、いったん基礎ができ上ってしまうと、それがどういう風に作られたかということは忘れて、独り歩きするようになる。これが純粋数学である。このようにした方が自由な発想ができて、かえって発展しやすいともいえる。

純粋数学といえるのは整理が十分行きとどいてからである。ギリシャ時代から中世まではユークリッド幾何だけが純粋数学であり、代数は純粋数学とはいえなかった。負数は用いていたけれども、論理的にその意味が解明されていなかった。点、直線、平面およびその関係はユークリッド幾何学として体系化されていたが、「体《たい》」の概念なしには負数、正数を体系化することはできなかった。明治時代の東京大学理学部数学科(当時は理科大学数学科といった)の課程を見ると、純正数学、微分積分、力学、高等物理学なことであるから、微分積分学も純正数学（純粋数学のことであろう）とは呼ばれなかった。これから想像すると、純正数学は射影幾何学のことではないかと思われる。おそらく微分積分学は微分法、積分法、簡易な微分方程式の解法の練習が主で、収束、連続関数の厳密な定義や、ε-δ論法などには全く触れられず、純正数学の名に値しなかったのであろう。

二十世紀になって集合論が生れ、公理論的組みたてが、数学のほとんど全分野にゆきわたると、純粋数学の範囲が急に広まり、微分積分学、微分方程式論も純粋数学となり、コルモゴロフの公理ができて以来、確率論も純粋数学の仲間入りをした。

このように純粋数学が広がってくると、数学者は純粋数学をやるだけで忙しく、その根となり、芽となる科学をやる暇はない。大学の数学科でも純粋数学を教えるだけで手一杯である。

純粋数学は数学の中心であり、花であるが、その周辺に諸科学に接している部分がある。これを応用数学という。この応用数学という言葉を私はあまり好まない。何となく純粋数学が先にあり、その後につづいて、これを利用する応用数学があるように聞えるからである。諸科学に接した部分が応用数学ならば、応用数学は、純粋数学の根となり芽となる部分（数理物理学、生物数学など）を含んでいるはずである。この点を誤解している人は数学の内部にも外部にも多い。数学の外部に数学のユーザー(利用者)というのがある。こういう人は自分の問題を自分で数学化して、この方程式を解いてくれといってくる。数学の内部にも、これを解くのが、応用数学と思っている人がある。問題は、この数学化が正しいかどうかである。たとえば微分方程式という概念をもたない人が、天体力学の問題を初等代数の言葉で数学化するとすれば、その数学化そのものが、奇妙なものであることが多い。もちろん、こんなことは現在はあり得ないが、確率過程や確率微分方程式を用いて数学化できる問題を大学教養程度の「確率観」で定式化しようとしている人はかなりある。こういう数学のユーザーに対して、数学者が熱心に相手になれないのは致し方がない。

これに対して、新しい数学の分野を開発する機縁となるような問題に、自分の科学的考察によるいいコメントをつけて、もって来てくれる科学者こそ、数学者の最も歓迎するところである。在来の微分学は有限次元の空間上のものであった。物理学者が仮想仕事の原理や最小作用の原理を考え、これが機縁になって変分学が生れ、さらに関数解析学(無限次元の微分積分学)へと生長した。これが本当の数学の発展の姿である。

3　現在の社会と数学教育

現在の日本の大学の数学教育は極めて純粋数学的であって、新しい概念の発生に関する科学的考察はほとんど無視されている。たとえば群を教えるには群の公理から始まる。例として、ある有限群の群表を与え、これが公理を満たすことをしらみつぶしに調べさせる。これから部分群、正規部分群、商群へとすすみ、一般の群をすますと可換群、巡回群と特殊のものに進む。群論の主要定理を一通りすますには、最も早い方法であろうが、私にはこんなやり方では、群論に興味をもつ気は起らない。私の習った方法は、水車のまわるのを見て巡回群を理解し、正十二面体をまわして非可換群を理解した。今でも私にとって群は回転とか変換とかいう操作の群である。ガロアの方程式論で、拡大体の(基礎体を不変にする)自己同型の群ができてきたときにも、この拡大体が基礎体を軸に回転しているのが目に見えるようで楽しかった。

私は大正時代に田舎で少年期を過した。遊び道具は、竹とんぼでも、凧《たこ》でも、自分で作った。竹を割って凧の骨を作り、障子紙を張って、糸をつけるのに半日くらいかかり、さて糸をつけてあげてみると、きりきりまわって落ちてしまう。年上の子がきて、糸のつけ方をなおしてくれると、やっとあがった。こんな田園生活では、自分の手に入るものは、完全に自分で理解でき、コントロールできるものであった。それで数学でも、手にとるように、目に見えるように、理解するのでなければ楽しくない。私は二十世紀の生れであるし、高校(旧制)以後は都会生活をしたが、「三つ児の魂百まで」というのか、私の発想は十九世紀的であり、田園的である。私が学生の頃は、習うことも少なく、講義もゆったりしたものであったから、これで特に困ることはなかった。

スイッチをまわして、テレビを見る現代の子供にはテレビがなぜ映るのか考える暇もなく、また中を覗いても、子供にわかるはずもない。高度に機械化された現代社会では、わけのわからない複雑なものの使用規則だけを覚えて、これをうまく使うのが最も賢明な生き方である。こういう環境に育った子供は、群の定義を純粋数学的に教えられても、さほど抵抗は感じないかも知れない。しかし何か大きい独創性のようなものが失われて、科学的考察から数学の新しい分野が生れるという数学本来の姿から離れて行くのではなかろうか。そうならないように、数学教室で、数学者が純粋数学の他に数理物理や生物数学など数理的諸科学の講義をするようにしてほしいと思っている。（一九七八・九）

数学の二つの柱

幕末の洋算家であり、思想家でもあった本多利明《としあき》が洋算に関して、(1)洋算は論証によって研究をすすめる、(2)洋算はあらゆる学問の基礎である、という二つの柱をあげている。数学の理想をこのように堂々と言いきっているものは、他に見当らない。洋算が暦術、砲術、航海術のための道具と考えられていた時代に、このような卓見をもった思想家がいたことは驚くべきことである。ここでこの二つの柱が現代数学でどのようになっているかを考えてみよう。

まず第一の柱については、数学者はほとんど完璧なまでにその理想を実現している。ギリシャ時代にユークリッドは点と直線の二要素と、その間の関係を満たす公理を基礎にして、論理的に平面幾何学の諸定理を導くという方法で論証による数学の建設の範型を示した。近世に至ってデカルトやニュートンに始まった、「宇宙の森羅万象を数学的に解明しよう」という高邁な理想(本多利明の第二の柱に相当)のもとに、微分積分学を始め多数の新分野が生れてくると、これらを包括する完全な論理体系は当時の数学者の手に負えなくなってきた。最も簡単な実数の厳密な定義さえ、十九世紀後半になってはじめて与えられたのである。しかし二十世紀に入って、数学のすべての分野の諸事実が集合論の枠の中にくりこまれ、今では数学の諸定理は論理的には集合論の中の定理とみなして、その真偽を確かめることができる。たとえばブルバキの『数学の基礎』(Éléments de Mathématique)は、ユークリッドが平面幾何学に対してなしたことを、数学全般に対して、より完全に、より徹底的に試みている。しかも二十世紀の数学者は単に数学を厳密にしたというだけではなく、これを磨きあげて、美しい、整った論理的建造物を作りあげたのである。この純粋数学の殿堂の中を順序よく案内して貰える現在の数学科の学生は実に幸せである。

これに対して、第二の柱「数学が諸科学の基礎である」という意識は数学者から次第に薄れていき、数学科の講義から力学もはずされ、ニュートンの運動方程式を解いてケプラーの遊星運動の法則を導くことに心のときめきを覚える数学科の学生はなくなりつつある。これは必ずしも日本だけではなく、世界的傾向であるが、日本においてその傾向が甚だしい。実際、純粋数学の殿堂はあまりにも壮麗であり、さらに最近では数学の専門誌も論文も指数関数的に増加し、この純粋数学の殿堂の中にあっては息苦しいほどで、本多利明の第二の柱に思いを致す余裕はおそらくないであろう。一度窓をあけて清新の気をとり入れ、また外に出てこの殿堂の全貌を眺め、その本質を考えてみてはどうであろうか。

最近、応用数学に関心が向け始められているが、今のところ、数学利用者のための道具を作るというような考えが、利用者側にも数学者側にも、見うけられるのは遺憾である。本多利明の「洋算は諸学の基礎である」というのは、そのような技術的なことではなくて、思想であり哲学であったはずである。

（一九八〇・五）

かわった学生

「かわった学生」といっても、これはいい意味で「かわった学生」の思い出である。

十年ほど前コーネル大学の数学教室で教鞭をとっていた頃、大学院一年生に確率論の講義をした。アメリカの大学院一年のレベルは日本の学部三、四年に相当する。しかしアメリカには浪人はないし、飛び級制度があるので、年齢的には同じくらいである。

講義をしながら、学生の顔を見ると、ときどき不審そうな顔をするので、補足説明をする必要がおこる。それに私は完璧なノートを準備しない。そのため証明を間違えてやり直したりして講義のまとまりが悪くなる。それが気になって、後から整理してレクチャー・ノートを配付していた。

アメリカでは、定理の意味は応用して初めて理解できるという意見が強く、宿題を毎週五題くらい出すのが普通である。学生もこれを要求する。前半(大数の強法則まで)はティーチング・アシスタント(大学院上級生)が答案を見たが、後半(確率過程)は程度も高く、適当なアシスタントもみつからず、それに聴講学生数も十五人ほどに減少したので、自分で答案を見て次週の講義の参考にした。答案は採点するのでなく、誤りを指摘し、寸評を加えて返していた。

この聴講学生の中に、ここにいう「かわった学生」がいた。

彼は講義をきいても、ノートをとらず、ときどき足を机の上に投げ出したりして、しかし熱心にきいていた。ノートをとらないから、配付されたレクチャー・ノートを頼りに宿題を解いてくる。ノートは一週間ほど遅れて出るし、それにノートをていねいに、かつ研究的に読むので、時間がかかり、配付済のノートにも読み残しがある。しかも本当に自分で納得した定理しか使おうとしない。今週の講義の中の定理を使えば、すぐできるのに、そうしないで、自分で考えて、ときには、その定理の中で与えられた問題に必要な部分を自分で発見し、二週間ほど遅れた知識で証明をつけて答案を書く。要領のいい答案は三枚ですむのに、彼のはいつも七、八枚かかる。字もかなり乱暴である。それで、'Use Theorem 3.1 to get a simpler proof!!' というようなコメントを付して返すことが多かった。

初めはかわった学生だと思っていたが、次第に見直し始めた。二週間前までの講義の知識で、今週の問題が解けるなら、現在の確率論の最先端まで学習すれば、一歩踏み出して独創的研究ができるはずである。果せるかな、素晴しい学位論文を書き、第一流の大学の助教授の職を得た。

彼と親しくなって、いろいろ話をした。彼はノートをとることが下手で、自分のノートを見てもわからない。あなたのレクチャー・ノート配付は marvelous idea である。解析をやるつもりで大学院にきたが、確率論に移ることにした、とのことである。

前にもいったように、私の講義の準備はいつも完全ではないので、今でもそうであるが、ときどき黒板の前で立往生をしたり、黒板一杯に書いたのを全部消して、証明やり直しをすることがある。学生は嫌な顔をするし、後味の悪いものである。しかし、ノートをとらない彼は一向痛痒を感じないどころか、むしろ歓迎していたらしい。家に遊びにきた時、彼の方からこの話を持ち出して、「あなたのような講義の仕方によって、数学がいかに造られていくかがわかる」といってくれた。自分の欠陥講義を気にしていた私は救われた思いであった。

会社の所用でニューヨークから東京に出張してこられた彼のお父さんが、わざわざ京都の拙宅にこられ、「息子は子供のときから一寸かわり者であったが、あなたのお蔭で数学に心から興味を覚えた」とお礼をいわれた。アメリカではまずないことである。

（一九八三・七）

色即是空、空即是色

色即是空、空即是色は般若心経の中の有名な二句である。通常第一句が強調されて、「美しい花も色あせて散り、若々しい青年も年老いて死んでしまう」という仏教的無常観として捉えられている。この無常感、人生否定論は、日本の文学、戯曲、習俗、もっと大きくいって日本文化の中に深く根を張っている。しかし、第一句をこのように人生否定的に解釈すると、第二句は逆に人生肯定論と考えなければならないが、それについてはあまり聞いたことがない。

そもそも第一句の色即是空を素直に読んでみると、色＝空という意味で、色がやがて空となるというような時間的経過の概念は、どこにも見出されない。従って第二句も空＝色であって、第一句と同じことを文章の綾として繰り返しているに過ぎない。要するに、この二句は「色と空とは同じものである、不即不離のものである、同じものの表裏両面である」といっているに過ぎない。

では色とは何か、空とは何か。これについても諸種の説明があるが、私にとって最も分かりやすいと思ったのは、色とは具体的なもの、空とは抽象的なものである。こう考えると、前記の二句は、「具体と抽象とは対立するものではなく、同一の物で、両者は常に同時に考察すべきで、一方を他方から引き離して論ずべきものではない」という仏教哲理を説いたものと考えられる。

私が数学の研究を始めた一九四〇年代には、抽象代数学、抽象空間論など抽象数学の研究が盛んであった。抽象数学の立場から眺めると、多数の具体的分野が一望の下に見渡せることも多く、講義でも学生の人気は抽象数学に集中した。やがて、抽象の素材となった具体的な例には関心を払わず、ひたすら抽象論に終始するという傾向もあらわれてきて、次第に抽象数学が衰退の道を辿り始めた。

そもそも抽象理論を創始した数学者は、具体的な例(色)をたくさん知っていて、それと不即不離の関連において抽象理論(空)を構成することを意図したはずである。抽象(空)が具体(色)から遊離してしまえば、発展も止まってしまう。

抽象数学が本筋からはずれてくると、数学者は再び具体的なものに目を向け始めた。しかし今度は、抽象論を卒業した上で、新しい目で、具体的なものを見ているので、抽象論の洗礼を受けない古い時代の具体論とは違った一段上のものである。このように、数学の研究においても抽象理論(空)と具体的な例(色)とは切り離して考察できないものであり、「色即是空、空即是色」なのである。

このような私の考えは、深遠な仏教哲理から見れば、極めて浅薄なものであろうが、数学者である私は、今のところこの程度の素人解釈で満足し、研究にも教育にも、常に抽象論(空)と具体例(色)を同時に考察することを理想としている。ただ力不足のため、理想通りに行かないのは残念である。

（一九九二・一〇）

III 数学の楽しみ

数学者と物理

数学者と物理学者とは、数学に対する考え方がかなり違っている。たとえば弦の振動の方程式

$$\frac{\partial^2 u}{\partial t^2} = \frac{\partial^2 u}{\partial x^2} \qquad (1)$$

を考えてみよう。物理学者の脳裏には実在の弦の振動現象があり、右の方程式はその現象の時間的変化を表現するものである。これに反し、数学者にとっては、この方程式は関数 $u=u(t, x)$ に関する条件である。

$$\tau = \frac{\partial}{\partial t}, \quad \xi = \frac{\partial}{\partial x} \qquad (2)$$

とおけば、(1)は関数空間の点 u が

$$\tau^2-\xi^2 \qquad (3)$$

の零点であることを示している。したがって数学者は(1)を双曲型(偏微分)方程式とよんで、今では振動の方程式(1)がいかにして導かれたかということには関心すら示さない状態である。

数学者は、(1)の解の存在、その解がどれほどあるか、u の変域はいかなる関数空間か、偏微分は普通の意味か、超関数の意味かというようなことを考える。さらに(1)を一般化して、高階の双曲型方程式も考え、一層高い数学的立場から(1)を眺めようとする。その理論構成は厳密であり、壮麗でもある。この振動が線分 $[0, l]$ の固定端振動 $(u(t, 0)=u(t, l)=0)$ のときには、この解はフーリエ級数で展開され、各項は固有振動を表わしている。数学者としては、この級数が各点収束か、一様収束かあるいは平均自乗収束かということを考え、これがヒルベルト空間の枠で直交展開という幾何学的な言葉で表わされるということに、無限の喜びを感ずる。

しかし物理学者からいえば、もともと方程式(1)が太さのある弦を線分として立てたものであるから、弦の太さに比して極めて小さい誤差は問題にならないので、初めの若干

項が重要なのである。また(1)を立てるには微小変位という仮定も置いているし、運動エネルギーの熱エネルギーへの移行やその熱エネルギーの空気中への放散は無視されている。精密というならば、このような仮定を除いて、方程式を立てるべきで、そうなれば非線型の偏微分方程式が得られるであろうし、さらに弦の分子構造まで立ち入って考えれば、統計力学的考察も必要となるであろう。数学者に期待するのは現在ではむしろこの方向の協力である。

現在の純粋数学者の興味は、論理的に堅固で整然とした数学の体系を構築することに集中している。これはユークリッドの『原論』の精神に則っている。実在の現象はあまりにも複雑であるので、数学者はこれを単純化し、理想化して出発点としている。数学者は無限を考えるという点では、物理学者より複雑なものに取り組んでいるように見えるが、実は有限の所で切って考えるよりも、無限まで延長しておいた方が、論理的に透明になるので、そうしているに過ぎない。ユークリッドの『原論』はギリシャ人から我々が譲り受けた最大の文化的遺産の一つであるが、それとは比較にならないほど壮大かつ美麗な現代数学の体系は、それ自身人類文化の所産として後世にも誇り得るものである。それは優れた芸術品ともいうべきものであり、超重要無形文化財(?)であろう。

このような数学の芸術的側面のほかに、数学には科学的側面がある。ギリシャの大数学者として、ユークリッドとならび称されるアルキメデスは数学者であると同時に物理学者でもあって、梃子《てこ》の原理、浮力など物理学における大発見をしている。ニュートンは力学の三法則や万有引力を発見し、これによって、ガリレイの落体法則、ケプラーの惑星運動法則、ホイヘンスの振動の理論を統一的に説明し、そのための数学的手段として微分積分学を創始したのであるから、これは偉大な物理学者であり、真の意味の応用数学者である。しかもこれを『プリンキピア』(Principia Mathematica Philosophiae Naturalis)として発表するにあたっては、その書き方はユークリッドの『原論』を範とした(岩波『数学辞典』Newton の項参照)というのであるから、純粋数学者的精神の持主であったことも明らかである。

ニュートン以後の著名な数学者も物理学に大いに貢献していることは物理学に現われる多くの微分方程式が数学者によって立てられていることからも理解される。たとえば、一般力学系の方程式(ラグランジュ、ハミルトン)、流体力学の方程式(オイラー、ラグランジュ)、熱伝導の方程式(フーリエ)等。またガウスの天文学、電磁気学、測地学、ポテンシャル論に関する業績はあまりにも有名であり、リーマンの数学的業績の多くが、その深い物理学的洞察に裏付けられていることも明らかであろう。しかも驚くべきことには、これらの数学者は自分の立てた方程式を解くことにより、理論物理学の発展に寄与したばかりでなく、解くにあたって新しい数学概念を導入し、純粋数学に豊富な素材を提供したのである。

しかしながら、十九世紀後半になってくると、数学と物理学とは次第に分離し始め、いわゆる専門分化がおこってきた。たとえば、ヘビサイドの演算子法、電磁気学におけるマクスウェル方程式、アインシュタインの相対性理論、ディラックの量子力学などは、十九世紀前半までの考え方では数学者の仕事と考えてもよいが、現在では物理学の業績となっている。これらの物理学者はこの問題から純粋数学への寄与を導き出そうと考えるより、むしろ物理学の研究をさらに進めようという方向に関心をもったと思う。

このような専門分化は、科学の急激な発展のために、研究すべき材料が増大し、実験設備も大型化したという事情にもよるであろうが、もっと本質的な理由は、数学が実在の直観的把握から離れて、論理的体系として自立したことであろう。前にものべたように、ユークリッドの論理的精神こそ、純粋数学の起源であるが、十七世紀から十九世紀前半にかけて実在の現象の数学的表現として導入された多数の概念(関数、極限、連続、運動、微分積分、変分など)の論理的基盤は極めて脆弱であった。十九世紀の後半になって、デデキント、ワイエルシュトラス、カントルの実数論が現われ、実数の連続性や極限の意味がはっきりし始めた。二十世紀になって、数学全分野の成果が、集合論の公理から論理的に導けるようになって、数学は完全な論理体系として、実在の直観的把握とは独立に組みたてられた。現在大学の数学科で習う数学はこのような純粋数学である。これこそユークリッドが『原論』において、極めて小規模に、しかもやや不完全に構成した体系の数学全般への完全な拡大であり、ユークリッドの夢は二十世紀において初めて実現されたといってよい。もちろん集合論の公理が矛盾を含まないか、いかなる推論形式が許されるかということは重要な問題であり、その検討は数学基礎論、数理論理学でなされているが、一般の純粋数学者も、その点については、専門家にまかせている。

では純粋数学は果して実在から離れて完全に自立し得るのであろうか。答は論理的にはイエス、現実的にはノーである。純粋数学は集合論の公理から形式論理によって導かれた論理体系であるが、このようにして得られる論理的結論がすべて純粋数学的に興味ある分野を形成するとは限らない。現代数学の分野の素材はほとんどすべて、十九世紀までに実在の研究(物理)によって得られたものである。

現代数学の中心問題となっている多様体の理論も、その萌芽は物理学における相空間(phase space)である。実際、相空間の位置座標 $(q_1, q_2, \cdots, q_n)$ は基底空間(多様体)の局所座標であり、モーメンタムの座標 $(p_1, p_2, \cdots, p_n)$ はその余接空間(cotangent space)の座標で、相空間を余接束(cotangent bundle)として理解することにより、ハミルトンの運動方程式は真に数学的に把握できる。

現在の数学科の学生のように、集合から始まり、位相空間、代数系というように、論理的に簡単なものから、より複雑なものへとすすみ、位相空間にさらに高度な構造の入ったものとして、多様体の講義をきけば、論理的に自然な形で多様体が理解される。したがって物理を知らなくても、極言すれば、むしろ知らない方が、かえって自由に考えられ、多様体も純粋数学的に理解した方がよいということになる。実際このような方法で、実在の現象からは到底思いも及ばない新しい数学的関係が見出され、それが逆に物理学に応用されることも期待できるであろう。

しかしこのような純粋数学的思考だけで、数学の新分野が開拓できるとは思えない。ユークリッドの『原論』から現代の純粋数学に成長するのには、その後約二千年間、数学者が物理学に関与して獲得した多数の新しい素材を必要としたのである。実際、物理学は数学に素材を提供したばかりでなく、しかも極めてよい形で提供してくれたのである。たとえば、熱伝導の方程式

$$\frac{\partial u}{\partial t} = a\frac{\partial^2 u}{\partial x^2} \qquad (4)$$

（αは伝導率（常数））を考えてみよう。これを形式的に一般化すると、αをxの関数と考えて

$$\frac{\partial u}{\partial t} = \alpha(x)\frac{\partial^2 u}{\partial x^2}$$

となるが、これは数学的にもあまり面白くない方程式である。熱伝導の立場からいえば、伝導率αが一様でない場合で、熱伝導方程式の導き方を考えると、

$$\frac{\partial u}{\partial t} = \frac{\partial}{\partial x}\left(\alpha(x)\frac{\partial u}{\partial x}\right)$$

となる。この場合には右辺が自己随伴型となっているので、固有関数展開も可能となり、さらにヒルベルト空間の中の自己共役作用素の研究へと実り多い発展がなされたのである。実際物理学に現われる微分作用素のほとんどすべてが自己随伴型となっている。実在の現象がいかに純粋数学に好意的であるかは不思議なほどである。

現在では数理物理学は物理学科で講義されていて、その講義はだいたい十九世紀までの数学の立場にたっている。これに対して、数学科の講義は二十世紀の純粋数学の立場

からなされ、その物理的背景はほとんど無視されている。したがって数学者と物理学者とが話し合っても、言葉が違うために、本質的に同じことを論じているのに、そのことに気づくのに時間がかかることが多い。これは数学者にとっても、物理学者にとっても、決して幸福なことではない。現代数学者も、十九世紀までの数学者にならって、もう一度物理の中に入って行く必要があるのではなかろうか。単に物理学者の定式化した数学の問題を解こうというのではなく、その定式化そのものにまで踏み込んで関与して、そこから新しい数学の素材を汲みとるべきで、これこそ真の意味の数理物理学といえるであろう。今は物理学を例にとったが、生物学、化学、工学、経済学など他の科学に対しても同様である。

（一九八四・三）

オイラーの応用数学

十年ほど前、ETH(スイス連邦工科大学)で講義するため、四ケ月ほどチューリッヒに滞在したことがある。その折十スイスフラン紙幣にレオンハルト・オイラーの肖像が描かれているのに気づいた。オイラーの名は整数論、位相幾何学、微分積分学、微分方程式論、変分法、力学(質点、剛体、弾性体、流体)など、数学のほとんどすべての分野に現われるから、私もオイラーには興味を持っていた。ただこの紙幣の裏の図が「惑星とその衛星が太陽をまわっている、いわゆる惑星の軌道図」であることが異様に思われた。この図はニュートンやケプラーには似合っているが、オイラーには適当でないように思えた。帰国してから、Dictionary of Scientific Biography のオイラーの項目(四六七―四八四頁、A. F. Youschekevitch 執筆)を読んで、この図が描かれている理由が納得できた。このことについては後に述べる。この伝記は非常におもしろく、オイラーに関心のある方には、是非一読をお勧めしたい。

十八世紀における最大の数学者オイラーは一七〇七年スイスのバーゼルに生まれた。十八歳で数学の研究を始め、一七二七年にロシヤ帝国の首都ペテルブルグ(ソ連時代のレニングラード)の学士院に招かれ、十四年間滞在した。一七四一年にプロシャ王国の首都ベルリンの王立学士院創設にあたり、二十五年間滞在、学士院長にもなって、大いに活躍したが、末年には、数学に無理解なフリードリッヒ大王と不仲となった。一七六六年にロシヤのエカテリナ女帝の招きに応じ、再び、ペテルブルグ学士院に戻り、女帝の手厚い庇護の下で、以後生涯十七年間ペテルブルグ近郊に住んで、数理科学の研究・教育に携わり、偉大な業績を残して、一七八三年他界した。

惑星の運動の数学的理論は、十七世紀末にニュートンが彼の「運動の三法則」と「万有引力の法則」を用いて、ケプラーの惑星運動の法則を数学的に導いたことに始まる。これに関連して、ニュートンが微分積分法を創始した。同じ時期にライプニッツがニュートンと独立に微分積分法をはじめた。

オイラーは、ライプニッツの方法がニュートンの方法よりもはるかに便利であると考えて、ライプニッツ流の方法を発展させて、現在の形に近い微分積分学を作り上げた。ここでは微分方程式も論じているから、むしろ解析学といった方がよいかもしれない。これを用いて、ニュートンの質点力学を剛体力学、弾性体力学、流体力学へと発展させた。その際、剛体、弾性体、流体を支配する方程式を立てるには、ニュートンの力学の三法則と万有引力の法則を用いたことはいうまでもない。またオイラーが解析学を構築していくには、力学に現われる微分方程式を解くということが大きい契機となっているから、オイラーの解析学は力学と一体となっている。したがって数理科学というべきかもしれない。要するにオイラーはニュートンの力学原理とライプニッツの微分積分原理を合流させて、数理科学を作り出したのである。

上の説明では解析学に焦点をあてたが、彼は曲面論や整数論、変分法の研究をしているから、結局数理科学全分野に目を向けていたのである。さらに驚くべきことは、オイラーは自分の得た数学理論の応用にあたって、数値計算して実測値とあうかどうかというところまで気を配っていることである。

さて話を惑星軌道図に戻そう。前にニュートンがケプラーの法則を数学的に導いたことを述べたが、それは二体問題である。その後、木星・土星の観測の結果、理論値と観測値の格差があまりにも大きいことがわかり、一時はニュートン力学そのものを疑う学者も現われた。しかしこの批判は的はずれで、三体問題(または多体問題)として取り扱うべきであった。これは二体問題のように、当時知られている初等関数の範囲では簡単に解けない。三体問題でも、オイラー自身特殊解(オイラーの直線解)を見出しただけであった。これについてダランベールやクレローも研究したが、結局オイラーが現在「摂動論」と呼ばれる方法を開発して、近似解を求め、実測値にあう理論値を得ることに成功した。これで惑星軌道図の由来がわかった。

これについて面白い挿話がある。オイラーの軌道論に関する一連の研究の中で有名なのが、オイラーの「月の理論」(一七五三)である。その中の公式を用いて、ゲッチンゲンの天文学者メイエーが「月の表」(一七五五)を作成し、その表は航海年鑑に登載され、約一世紀にわたって利用された。実はこれより四十年も前(一七一四)に、海洋王国イギリスの議会は、大洋における経度を二分の一度以内の誤差で決定する方法を考案した者には多額の賞金を、これに近い精度の方法を考えたものには稍《やや》小額を贈与することを公表していた。賞金は、一七六五年に、初めて「月の表」を作成したメイエーの未亡人に三千ポンド、その基礎となる「月の理論」を作ったオイラーに三百ポンド贈られた。同時に、ほとんど完璧な経線儀(クロノメーター)を発明したハリソンには多額の賞金が贈られた。

オイラーは、現在解析と呼ぶ分野を無限解析と呼んで、有限解析(代数学)の延長と考えていた。両者を繋ぐものとして極限を形式的に用いているが、その数学的定義を厳密にすることには思い至らなかった。無限解析では「aがAに比して極めて小さいから

$A+a=A$となる」というような論法がいつも用いられるから、無限解析は不正確な理論であるというような議論がしばしば行われた。オイラーはたくさん例を考えて、その計算法則を与えて、それを基礎にして、この批判に応えようとしたが、永続きしなかった。十八世紀に超準解析があればよかったかもしれない。

もちろんオイラーは級数の収束、発散の区別を知っていたし、収束の遅い級数を速いものに変換するいわゆるオイラーの変換も工夫し、さらに発散級数を有効に利用する方法も考え、多数の重要な級数の和の公式を得ている。

オイラーの功績の一つは数学記号の導入である。自然対数の底e、虚数単位i、関数記号$f(x)$、階差記号$\Delta y, \Delta^2 y, \cdots$などは、オイラーが導入したものである。記号のみならず、一般関数という概念もオイラーに始まる。当時は、多項式の無限化として、ベキ級数を考え、それで表わされる関数だけに着目していた。振動する弦の運動の力学的研究で、ベキ級数で表わせない関数に遭遇し、現在の関数概念に近い一般の関数を導入した。

オイラーは複素数$a+ib$も便利な記号としか考えていなかった。複素変数の関数も形式的にベキ級数で表わして、その微分積分を論じ、現在複素関数論で学ぶ幾多の定積分公式を出している。

微分方程式についても多数の有用な結果を出しているが、基本定理では、近似の定差方程式を代数的(有限解析的)に解いて、$\Delta x=0$として微分方程式の解を求め、これから他の定理を導くというやり方である。このような方法で変分法におけるオイラー方程式を導いている。

このようにして構築された解析を用いて、オイラーは曲面の幾何学、束縛された質点の力学、剛体の力学、流体力学の研究をして、おびただしい成果をあげた。当時の数理物理学者は目前の問題が解ければ、それで満足したが、オイラーは、その解法の奥に潜む解析の本質に思いを致して、彼の無限解析を発展させた。

上述したようにオイラーの無限解析には、無限小、複素数の取り扱いについて不十分な点があるが、これは、十九世紀にガウスやコーシーの手で解決せられ、結局オイラーの無限解析は厳密な形に書きかえられて、その本質も明らかにされ、これが十九世紀の解析の黄金時代の幕あけとなった。現在オイラーの名で呼ばれていない概念や定理の中にも、その素形がオイラーに起因するものは、おびただしい数にのぼる。十八世紀の解析の荒れ地に鍬を入れ、無数の種子を播いたオイラーの功績は感嘆の他はない。

(一九九三・一二)

数学の楽しみ

数学を知的ゲームとして楽しむ人もある。しかし、私にとっては、数学理論が科学現象と深く関連し、現象の方からも、理論に働きかけて、発展方向を示唆してくれるような場合に数学の楽しみを真に味《あじわ》えると思う。

このような理想的な形で数学を楽しめるのは、容易に経験できないが、古典天文学の中から、二、三の例を拾ってみよう。ここに述べる例は、その発案者がきっと喜んだに相違ないと思われるし、したがって私も楽しむことができたものである。

天体の観測や研究は、通常、時間・空間の枠の中でなされる。まず時間は過去→現在→未来の向きのついた実数軸を時間軸とする。この軸に目盛をつけるには日と年がある。一年は三六五日ということは現在は周知とされているが、古代人はどうして知り得たであろうか。

まず大地に鉛直に柱をたて、その影の長さを観察する。影が短いときには太陽の仰角が大きいことを意味する。朝は影が長く、ある時刻(正午)に最も短く、その後に影は伸び始める。翌日もこれが繰り返されるが、各日の最短の影の長さは日によって変化する。実際ある日(夏至)に最短の影が一年の最短となり、それから増大し冬至には最長になり、また減少し始め、夏至には最短になり、これを繰り返す。この循環周期が三六五日である。もっと精密にいうと三六五・二五日で端数〇・二五を調整するために四年に一回閏《うるう》年とする。日時計、花時計も同じ原理で設計されている。

次に空間の方を考察しよう。時間軸は一次元であったが、空間の方は三次元である。このことを知らないと、建築家は家を建てることができない。

二次元の空間についてはユークリッドの公理まで作っていたギリシャ人は三次元の空間の正しい把握ができたであろう。

しかし天文学はバビロニアの伝統が残っていて、天球面(二次元)への投影を考察して、赤道、黄道を考えていたが、もともと三次元のものを二次元の天球に投影して理解しようというのが無理で、惑星の蝕の問題などには三次元としての考察もしている。恒星は天球にくっついているように考えていた。

おそらくギリシャの新しい天文学者は、恒星は全空間(三次元)に散布しているという宇宙像を持ったのであろう。太陽も恒星の一つだと考えたとすれば大したものだが、それは分らない。ギリシャの天文学者の宇宙像がいかに我々のそれに近いかは、彼らが次のような問題を考え、これに基本的には正しい解答を与えていることから、察せられる。

図はサモスのアリスタルコス(紀元前三一〇頃-二三〇頃)が半月のときに月(M)と地球(E)の距離 $\overline{ME}$ と太陽(S)と地球(E)との距離 $\overline{SE}$ の比を推定したものである。

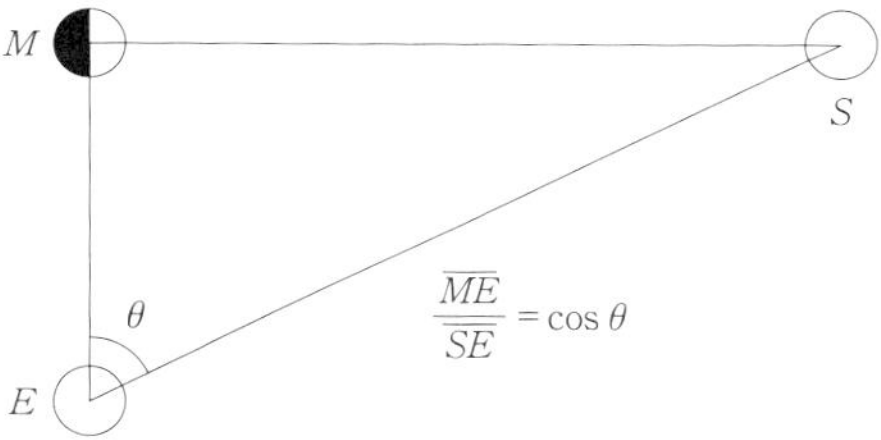

また素数に関する篩《ふるい》で有名なエラトステネス(紀元前二七六頃-一九五頃)も同じような考え方により、地球の半径の長さや地球と月との距離を計算し、アリスタルコスの結果と合せて、地球と太陽との距離を計算した。これを用いて、一八三八年にF・W・ベッセルが白鳥座61の距離十一光年を得た(初めての恒星の位置決定)。

またアリスタルコスは地球の自転、公転説を唱えた。この頃(紀元前二、三世紀)はギリシャの数学の黄金時代で、ユークリッド、アルキメデスなどが活躍した。ユークリッドは、平面幾何学の公理化や素数が無限に存在すること、正方形の対角線と一辺が無理比であることなどを述べたいわゆる『原論』を著した。

またアルキメデスは、数学、力学、積分論の研究の端緒を開いた。

このような優秀な数学者、天文学者がいたにも拘らず、なぜバビロニア天文学から大きく一歩踏み出すことができなかったのか。いずれにせよ、この頃から、ギリシャの国威は衰えの兆《きざし》を見せ始めた。ギリシャの天文学者の多くの著作は散逸したと伝えられている。

バビロニア天文学を祖述しかつ集大成したプトレマイオスの大著『アルマゲスト』が、ローマ、アラビア、中世のヨーロッパの天文学の主流となった。

その後、ルネサンスによって天文学にも新しい時代が訪れた。コペルニクス(一四七三―一五四三)は地球が太陽のまわりを回っている(太陽中心説)と主張して、プトレマイオスよりもはるかに簡単に惑星の複雑な運動を記述することに成功した。ティコ・ブラーエ(一五四六―一六〇一)は、太陽中心説の立場に立ちながら、しかも望遠鏡を用いずに、実に精密な観測結果を残した。ティコ・ブラーエの助手ケプラーはティコ・ブラーエの遺稿をコペルニクスの太陽中心説の立場から書き直し、遂に不滅のケプラーの三法則を導いた。

しかし、これらの業績はすべて天体の運動を叙述することを目的とし、運動学の域を出なかった。一方、アルキメデスはすでに平衡・釣合いなど力学の問題に注目し、ガリレイは落体の力学を研究し、運動を単に幾何学の問題(運動学)としてのみ捉えるのではなく、その原因「力」に思いを致し、ニュートンは力学の原理と万有引力を導入して、アルキメデス、ガリレイによって植えつけられた苗を天体力学にまで育てあげ、その過程において微分積分学という新しい数学を創造した。その後オイラーは、この力学を剛体の力学にまで拡張し、地球の自転・公転も天体力学の問題として考察できるようになった。このような数学と天文学との融合を見るとき、「数学の楽しみ」を覚えるのである。

(一九九七頃)

数学の科学的側面と芸術的側面

大学の数学科は理学部に属するので、数学は自然科学の一分科であると考える人もあるが、物理学者のように数学をよく利用して、数学者と親しい人は、最近の数学は自然科学とは違ったものであると感じているようである。数学者も科学者もコミュニケーションの手段として言葉、文字、記号を用いる点は同じである。科学者、特に物理学者は数学の言葉を用いることが多い。たとえば静止した水面は「平面」であるという。この場合物理学者の目は水面(外界)に向かっている。目的は水面なので、「平面」という数学用語があるから、これを用いているにすぎない。しかし太平洋に船出して見ると、水面は「平面」ではなく、むしろ「球面」であることに気づく。それで平面という言葉は水面を見る目的には不要になり、ただ小範囲の水面を見るときには「近似的に」平面と考えても誤差は無視できる程小さい。

したがって数学者のいう無限に広がった平面というものは、物理学者にとって必要ではない。しかし数学者にとっては無限に広がっていることこそ平面の重要な本質である。それは外界に実在するのではなく、外界の水面や平坦な地面の観察をもとにし、これを理想化して自分の頭の中に作りあげた概念である。

平面という数学概念を作る段階では外界の観察は重要な役割をするが、一旦作りあげてしまえば、外界はもはや何の関係もなく、それは我々の頭脳の中の論理的存在である。現代数学では、最も簡単なかつ基本的な数学概念である集合を基礎にして、すべての数学概念を構成している。たとえばランダムに動く量をあらわす「確率変数」という数学概念は確率測度空間の上の可測関数と定義する。このようにしてこそ厳密で美しい数学の理論ができるのである。

数学が外界の実在と関係がないというのは、論理構成の形式だけの話で、数学の理論をどのように発展させていくかということになると、やはり問題の数学概念がどのようなものから生れたかということに関心を向ける必要がある場合が多い。しかし、ときにはこういうことを忘れて、論理的整合性のみを頼りにして数学の発展方向の新しい発想を得ることがある。このようにして得られた結果が自然の全く新しい見方を示唆し、科学の発展に貢献した例も少なくない。それでこそ数学が今まで生き永らえてこられたのである。

数学概念は実在の理想化、抽象化によって生れたものである。理想化とか抽象化というと聞こえがいいが、科学者の方から見れば、近似にすぎないことは上述の平面と水面との関係から明らかであろう。実在が曲面とすれば、数学概念はその切平面を考えているわけである。勿論数学者はこれでとどまるのでなく、ユークリッド幾何学からリーマン幾何学へと進んで、曲った世界をあらわす数学概念を導入し、前述の集合論の基礎の上にこれを論理的に構成している。

しかしどこまで進んでも実在は更に複雑で、科学者の立場からすれば、数学を近似的模型として利用するにすぎない。したがって数学者が苦心して作りあげた厳密な理論などはあまりに顧慮しないで、相当乱暴な数学のつかい方をする。たとえば放射性元素の原子N個が時間と共に崩壊して減少して行く状態を

$$\frac{dN(t)}{dt} = -\alpha N(t), \quad N(0) = N$$

という方程式であらわす。ここに$N(t)$は時間tの後における原子数で、αは単位時間の崩壊率である。$N(t)$は整数であるから、「到る所微分不可能な連続関数」の存在すら知っている数学者にとっては、右の方程式は全く我慢のならない代物である。しかし物理学者

はそんなことは平気で、右の式を形式的に解き、

$$N(t)=Ne^{-\alpha t}$$

とし、これから半減期Tは、$N(t)=N/2$の解として、

$$T=\frac{\log 2}{\alpha}$$

であるという。

この問題を数学者が満足するように解くとすれば、次のようになるであろう。各原子が時間tの後まで生き延びる確率を$p(t)$とすれば

$$\frac{dp(t)}{dt}=-\alpha p(t),\quad p(0)=1,$$

これを解いて

$$p(t)=e^{-\alpha t},$$

はじめに与えられた原子に番号をつけて$1, 2, \cdots, N$とし、原子nが時間tの後に生存しているか、否かに応じて

$$X_n(t) = 1 \quad または \quad 0$$

とおくと、時間tの後に生存している総原子数$N(t)$は

$$N(t) = \sum_{n=1}^{N} X_n(t)$$

で与えられる確率過程である。右の式の両辺の平均値(期待値)をとると

$$\overline{N(t)} = \sum_{n=1}^{N} \overline{X_n(t)} = \sum_{n=1}^{N} p(t) = Np(t) = Ne^{-\alpha t}$$

となる($\overline{N(t)}$は数学では$E[N(t)]$と書くが、ここでは物理学者の常用する$\overline{N(t)}$を用いた)。これは確かに先の方程式

$$\frac{d\overline{N(t)}}{dt} = -\alpha\overline{N(t)}, \quad \overline{N(0)} = N$$

を満たしている。

つぎに半減期Tは

$$T = \inf\left\{t : N(t) < \frac{N}{2}\right\}$$

で与えられるので、これも確率変数である。これの平均値$\overline{T}$を求めるには、たとえばN個の原子の崩壊が独立におこる(したがって$X_n(t)$, $n=1, 2, \dots, N$が独立)と仮定すると、理論的に計算できるはずである。その結果は簡単な式で与えられるわけではないが、$\overline{T}$が上述の$(\log 2)/\alpha$と異なることは明らかである。しかしNが極めて大きいときには、大数の法則(これも数学的に厳密に証明されたものである)により、極めて小さい確率を無視すると、$N(t)$と$\overline{N(t)}$、Tと$\overline{T}$とは極めて近いので、この差を気にする必要はない。ただ論理的には、前者は常微分方程式論の枠内に無理にはめこんだものであり、後者は自然な方法で確率論の枠の中で考えたものであるから、両者は全く違っている。また原子崩壊現象の科学的理解という立場から考えても、後者の確率論的把握が、より真実に近いものということができよう。

数学は論理的構造物であるが、碁や将棋もやはり論理的構造物である。しかし数学は、実在の科学的把握のために作られたものであり、碁や将棋は遊戯(ゲーム)である。したがって科学の進歩とともに数学の内容は豊富になり、これを統一した理論とするために数学は深められ、進化している。数学も科学との関係を忘れてしまえば、遊戯に堕することもある。その最も極端なものは魔方陣や継子算《ままこざん》のような「数学遊戯」であって、これを集めた本が何冊も出ている。これは数学者の知的娯楽としては結構有用なものであり、中にはそれを解くために高度の数学的知識や工夫を要するものもある。しかし遊戯はどこまでも遊戯であって、数学とはいえない。これ程極端でなくても、江戸時代の和算家の数学も大部分は遊戯であった。それは、力学や工学と結びつき、かつユークリッドやデカルトの論証的精神に立ったヨーロッパの数学とは全く違ったものであったから、結局科学から遊離してしまった。またユークリッド幾何学で面白い定理を発見したり、巧妙な証明や作図法にうつつをぬかしているのも数学ではない。高校生が大学受験のために難問、奇問を勉強しても、数学的推論の訓練には幾分役立つかも知れないが、数学の研究とはいえない。

数学遊戯、和算、高校生の受験勉強が数学ではないといったが、数学の萌芽となることはしばしばおこる。たとえばオイラーの一筆書きの研究はそれ自身としては遊戯であって、彼の尨大な解析学の研究とは比較すべくもないであろう。しかしこの研究は位相幾何学のはしりであって、今世紀になって位相空間論、多様体論へと発展し、現代数学の中心課題の一つとなっている。さらに関数空間や微分方程式の解の空間の研究を通じ、解析学や解析力学の多様体論的見直しも試みられるに至った。しかしオイラーがこのような発展を脳裏に描いたわけではないから、彼の一筆書きは、どこまでも数学遊戯であり、オイラーと類似の発想で一筆書きを研究してもやはり遊戯である。

江戸時代の和算は殆ど遊戯にすぎないかも知れないが、明治になって、日本がヨーロッパの数学をとり入れた際には和算家が大いに寄与している。高校の受験数学でも、その受験生が将来数学者になれば、その時に身につけたいろいろの工夫が後の数学の研究に役立つこともあろう。一生の間受験数学をやっておれば、数学をしていることにならないし、ある国の数学者が全部ある期間数学遊戯に類する研究をしておれば、その国の数学は消滅してしまうであろう。さいころ投げ、銅貨投げの確率を論じたパスカルやフェルマーの確率論もそのままのレベルで終ってしまえば数学遊戯にすぎない。ベルヌーイの大数の法則、ド・モアブル、ガウス、ラプラスの中心極限定理の研究に発展し、二十世紀になって確率過程論が生れてきて、はじめて数学といえるのであり、このような歴史的背景のもとにパスカル、フェルマーの確率論が高校の数学の教科書に載っているのである。

数学の研究の中でしばしば反例というのに出あう。定理の中のいくつかの仮定の一つをはずすと定理が成り立たないという反例を作ることにより、その仮定のもっている論理的意味をよく理解できる。数学科の学生でいつも反例を作ろうと試み、上手に作ることのできる人は優れた学生である場合が多い。

「連続関数列の各点収束の極限が必ずしも連続でない」というアーベルの例や「到る所微分不可能な連続関数がある」ことを示すワイエルシュトラスの例は歴史的にも有名な反例である。反例に関してエルミートは「十九世紀の数学者は利用するために新しい関数を導入したが、現在の数学者は先輩達の推論が如何に不完全なものであるかを示すために、新しい関数を導入する」というような意味のことをいったという(サックス『積分論』の序文参照)。しかし、このアーベルやワイエルシュトラスの反例は、解析学の論理的基礎を確立し、二十世紀にカントルの集合論を基礎に数学全体を完全な論理体系として構築し、数学を自然から離れて自立させる契機となったもので、この反例の功績は実に偉大である。この論理構築がなかったならば、コルモゴロフによる確率論の測度論的基礎づけも行われず、確率論が数学の一分野とはならなかったであろう。集合論による数学の論理構築を一段落終えた現在では、数学者は安心して、リーマンを頂点とする十九世紀流の数学を新しい立場から見直しつつある。多様体の研究が盛んになっているのは、この辺の消息を物語るものであろう。今、エルミートが出てきてこの経過を見たら、反例もまた積極的意味をもつことを理解したであろう。

数学が遊戯と異なるのは、数学が実在の科学的考察から養分を得て、これを論証的精神で消化して生長してきたという歴史的背景によるのである。したがって数学が科学に役立つのは当然のことである。これは数学の科学的側面ともいうべきものである。

数学の歴史をふりかえってみると、数学にはもう一つの側面、すなわち芸術的側面とか純粋数学的側面ともいうべき側面がある。自分の研究に利用するという点でのみ数学にかかわりを持っている科学者の中には、この数学の側面を見ないで、甚しきは数学を科学の下僕であるという考えさえも見られる。こういう立場からすれば、ガウスの素数分布の公式

$$\pi(x)\ (= x\text{以下の素数の数}) \approx \frac{\log x}{x}$$

の難しい証明を辿り、さらにこれを精密化しようと努力する数学者の気持は理解できないであろう。また「ウィーナーのブラウン運動の殆どすべての見本関数が到る所微分不可能な連続関数である」という定理が一体何の役に立つのかと考えるであろう。しかし数学の立場からすれば、純粋数学的側面は極めて重要なものである。実をいうと、数学者はこの側面の故に、数学を人類の重要な文化的所産と考えているのである。

数学を文化的所産として価値を認めるかどうかということになると、各人の人生観の問題に関係してきてなかなか難しい問題である。私がアメリカにいたとき、「一年に一枚の美しい布をつくる」八十何歳の日本の老婦人の話をテレビで見た。この婦人は冬の寒い日に雪深い林の中に行き、木の皮を剝いできて、それを雪融けの川の水に浸し、その皮から糸をとって目にもまばゆい美しい布に織りあげて行くのである。彼女の悩みは後継者がないということである。息子夫婦は別の仕事に忙しく、関心を示さない。もとより弟子入りしようという殊勝な者もいない。しかし幸いに孫娘が高校に入った頃、この老婦人の姿に心打たれて、この技芸を習う気になった。毎朝早くこの少女は祖母に連れられて鎮守の森の氏神に参詣して、心を清めて祖母の手伝いを始める。老婦人が布を手織りしている背景に、皮肉な対照として、現代日本の自動化された織物工場が映っていて、工員が一人もいない部屋で織機から布が滝のように流れ出てきていた。

私はこれを見て深い感銘を受けた。この老婦人の作る布から出来た着物を着る人は現代では一人もないであろう。我々の着ているのは、この滝のように流れ出てきた布で作られたものである。しかし、老婦人の布には一生涯精魂こめて追究した理想ともいうべきものが感ぜられるが、近代工場の布から感ずるのは工業国日本の逞しい商魂である。このテレビ映像には有用性をこえた価値を見ることができる。このような価値をみとめない限り、数学の芸術的(純粋数学的)側面を理解し得ないであろう。

ここで私は数学の科学的側面が工場の布に、純粋数学的側面が老婦人の布に対応していると言うつもりはない。否、むしろ逆である。布の場合には両者は全く相反しているが、数学の場合には科学的側面と純粋数学的側面とは密接に関係している。数学論理の整合性や美しさに導かれて、純粋数学的に開発された理論の目で実在を見ることにより、却って正しく自然に内在する数学的本質を見ぬき、そこからまた新しい素材を得て、数学が飛躍的な生長をしてきたことは歴史の示す所である。

数学を専攻した者が数学の美しさに魅せられる第一歩は恐らくガロアの方程式論を学んだ時であろう。この理論の契機は「一般五次方程式が四則と根の演算によって解けるか」という数百年来懸案の難問であり、しかもこの問題の意味は大学教養程度の数学の知識で十分理解できる。しかも現在大学で習う理論はアーベルやガロア自身による難解なものではなく、その後百年程かかって整理し、磨き抜かれたもので、実に明快である。この理論一つだけでも、数学は人類の誇るべき文化的所産であるといいたくなる。もしその理論が何の役に立つかと反問する人があれば、この理論こそ「応用に汚されざる純粋数学の[所産]」(ハーディ『純粋数学』序文参照)とでもいいたくなるかも知れない。

しかしこのような純粋数学礼讃は歴史の現実を見ないものである。第一、ガロアが群という概念をこの理論を作るために突如として思いついたわけではない。群の概念の萌芽は画法幾何学(射影幾何学の前身)、運動学、力学を通じて変換群という形で当時の数学者の胸にあったはずである。画法幾何学、運動学、力学というのは自然の科学的考察によって生れたもので、もとを辿れば数学の科学的側面に到達する。ガロア以後百年かかってその理論を磨いていった経路を見ると、ユークリッドやデカルトの論証的精神によるワイエルシュトラス、デデキント、カントルの厳密な実数論につづいてカントルの集合論、代数的構造をもつ集合としての体の概念、こういうものが積み重ねられて、現在の明快なガロア理論ができ上ったのである。

カントルの集合論にしても、そのきっかけは三角級数論(フーリエ級数論)であり、その三角級数はフーリエが熱伝導の理論のために導入したもので、ここでも科学的側面が顔を出してくる。もちろん群の概念を方程式論に結びつけたのは、ガロアの天才的着想であるが、アーベルもガロアも当時の有名な数学者兼数理物理学者であるラグランジュの本も読んでいたので、五次方程式だけ考えていたわけではなかろう。現在大学で習うガロアの理論の美しさに酔って、数学の芸術的側面にのみ目を奪われ、その科学的側面を見落すならば、数学の全貌を見たことにはならない。

ガロアの理論以後、群の概念は十九世紀の数学の諸分野で中心的役割を演じ、それが微分方程式論、さらに一般に解析学を通じて数理物理学へ応用されて行った。ワイルの『群論と量子力学』はあまりにも有名であるが、現在量子力学の研究に群の表現の理論が欠くべからざるものとなっていることは周知の事実である。ここに数学の芸術的側面から科学的側面への還流の著しい例を見ることができる。

数学者の中には数学の科学的側面の研究に向いている人もあれば、芸術的側面の方に向いている人もある。また一生の間の時期によっても異なるであろう。しかしすべての数学者が一方に偏してしまえば、数学の生長も止ってしまうのではなかろうか。

（一九八〇・一）

Ⅳ　確率論とは何だろうか

確率論の歴史

ただいま御紹介にあずかりました伊藤でございます。実は私は大学を出てから、一年間大蔵省に、それから四年間、内閣統計局に勤めまして、その間に保険関係の仕事を少しいたしましたので、その頃アクチュアリー会の準会員になっていたことがあります。その頃確率論の基礎として、コルモゴロフの測度論的確率論が盛んになってきていて、私もアクチュアリー会で、その理論の紹介をいたしたことがあります。それは多分、昭和十四(一九三九)年のことと記憶しております。それからちょうど五十年目になる今年ふたたび講演させて頂くことに、アクチュアリー会との深い御縁を感じます。

今日のお話の表題は、初め確率論の歴史ということでしたが、その後、来年(一九九〇年)八月末に開催される国際数学者会議のことと、私が導入しました確率微分方程式についても触れてほしいとの御要望がありました。そうしますと、話をまとめて一つにするには、むしろ数学全般のことをお話しして、その延長として国際数学者会議について述べ、最後に私のささやかな仕事に触れるという方がよいと考えました。表題とはかなり離れた話になりますが、御了承頂きたいと存じます。

まず、数学とはどういう学問かということから始めたいと思います。数学と物理学との違いについてヘルマン・ワイルという有名な数学者の言葉に、「物理学は存在そのものを研究する学問で、数学は物の存在形式を研究する学問である。」というのがあります。ここで物理学は、化学、生物学、経済学など数学以外の諸科学を代表しているものと考えてもよいと思います。

このワイルの言葉をもう少し平たく説明しましょう。私たちはよくアンケートを受けますが、その受けとる用紙には、氏名、住所、生年月日、職業、趣味などの項目があげてあります。これをアンケート様式といいます。この様式が数学であって、その様式に被調査者が書き入れたものが物理学に相当します。ここで物理学といいましたのは実験物理学というべきかも知れません。数理物理学とか、数理生物学、保険数学、数理経済学などは、広い意味で数学の方に入るものと考えられます。

数学は形式であると申しました。あるいはパターンと言ってもよいかも知れません。ではどういうパターンであるかというと、論理的なパターンです。もっとはっきりいうと、集合論ということになります。このことについては後で説明いたします。

しかし、数学を論理的に眺めて集合論であるといってしまうと、これは数学の骨と皮だけを述べたことになり、血肉の部分は、この言葉では尽すことはできません。実際、数学は人類の進歩に伴って生々《せいせい》発展してきた生き物であって、その発展の中に数学の実体が潜んでいるわけです。それで、まず数学の発展の歴史を概観しましょう。

歴史年表によれば、日本では旧石器時代から、縄文、弥生、古墳、奈良、平安からずっと降《くだ》って現在の平成までできております。中国では、殷、周、秦、漢、隋、唐、宋、…、インドではドラヴィダ文明からインド文明、ヨーロッパではエジプト、メソポタミア、ギリシャ、ローマ、アラビア、…、現在の欧米諸国となっています。

人類の歴史で最初に生まれた数学概念は自然数1、2、3、…でしょう。英語ではone, two, three, four, five, six, seven, …ですが、twoとthreeはtで始まり、fourとfiveはfで、sixとsevenはsで始まっています。これはドイツ語でも、フランス語でも、同様で、つまり隣り合わせの数が同じ頭文字で始まるというわけです。このような原始的な数学概念にも、一種の規則というか、論理的なものが見られます。日本語の数詞には、これとは全く違った面白い規則があります。1(hi)と2(hu)はhで始まり、3(mi)と6(mu)はmで始まり、4(yo)と8(ya)はyで始まっていますが、この場合、その比はいずれも1対2です。こういう数詞を用いている民族はあまりないようです。聞く

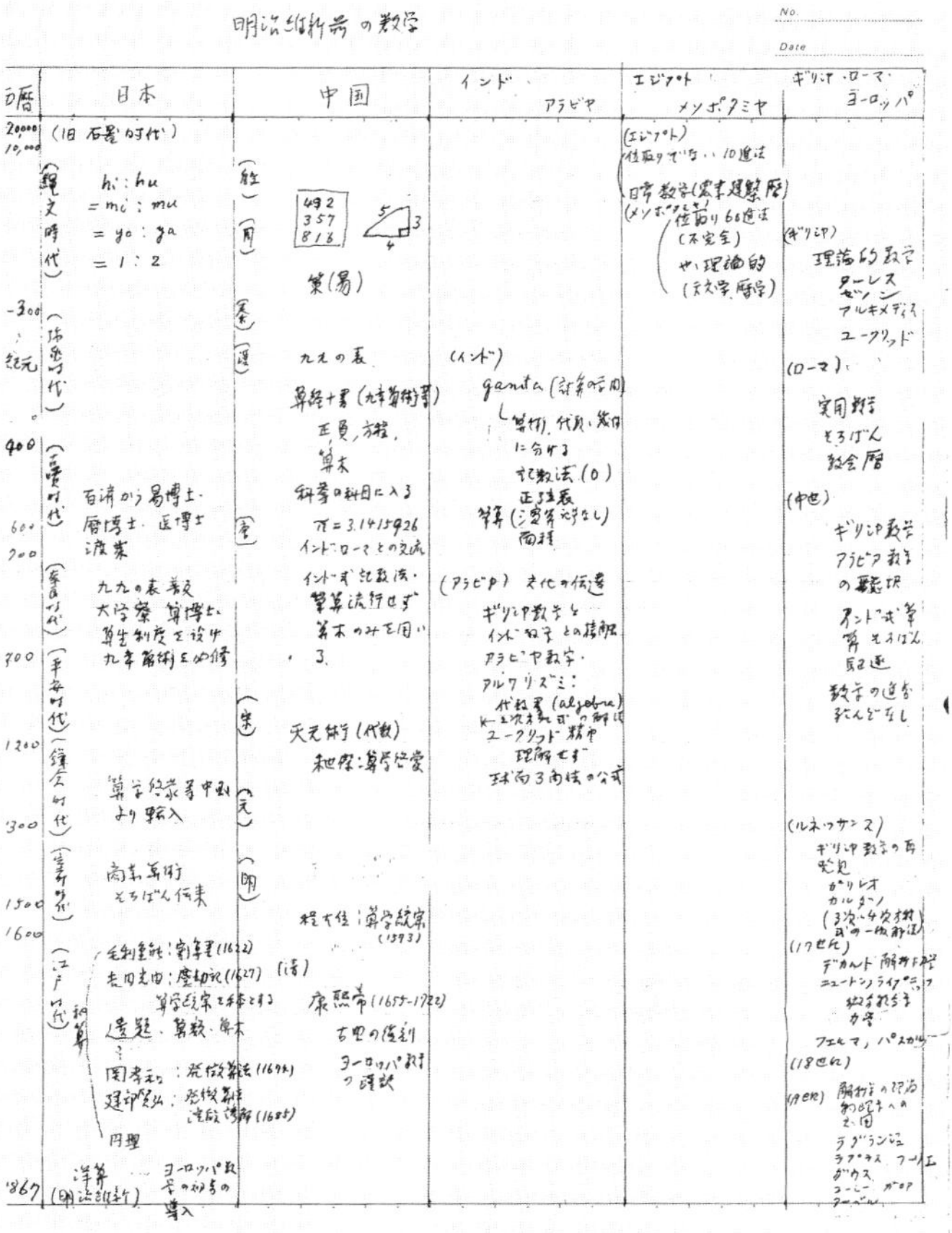

手書きの講演会資料(一部)

ところによると、太平洋のある島で見られるそうです。しかし、すべての数に一々名前をつけていたのでは大変なことになりますから、ここで十進法が考案されたのですが、その前段階として、二十進法、十二進法、六十進法などがメソポタミアの時代に生まれ、これは現在でも時計、度量衡などに名残りをとどめております。十進法は中国では古くからありましたが、ヨーロッパに広めたのは、アラビア人です。

アラビア人の功績は位取りによる記数法です。中国では十進法をつかっても、書くときには、位取りがなく、151103を表わすには、十五万千百三というように、基数一、二、三、…、九の他に十、百、千、万というものを必要とします。さらに大きい数を表わすため億、兆、京、…と必要になり、きりがありません。位取りをすれば151103と簡単で、見易いです。そのためには基数として、1、2、…、9に0を加えなければならず、この0が大発明であります。0はインドで生まれたともいわれていますが、これを用いて位取りによる十進法を日常のものとしたのは、アラビア人です。

アラビアの記数法のできるずっと前のエジプト、メソポタミアで、生活の必要性から実用数学が生まれ、初等的な算術、代数、幾何の問題を解いており、これらは採取経済の時代から、遊牧、農耕の時代に入ることにより天体観測、土地の測量、食料の保存計画の必要がおこり、それに必要な数学として生まれてきたもので、中国でも同じ形の数学ができました。

ギリシャ時代になって初めて実用を超えた学問体系としての数学が形成されました。ここで論証の精神で数学を構築するという試みがなされたわけです。その典型的なものがユークリッドの『原論』です。ユークリッドの時代(紀元前三百年頃)には、ピタゴラスの定理とか相似形、比例の理論、その他多数の幾何学的事実が知られていましたし、その間の関係もある程度考えられていたでしょう。ユークリッドは平面図形の元となるものとして、点と直線を考え、それに関する自明な性質、例えば「二点を通る直線は、唯一つに限る」、「二直線は交わらないか、唯一点で交わる」等から出発して図形のすべての性質を論理的に導いてみせました。これが体系化された数学の最初のものであり、これで初めて数学という学問が成立したといえます。このユークリッドの精神は現在の数学にも受けつがれています。

このような立派なものがどうしてギリシャに生まれたのかということについては、私はずっと不思議に思っていましたが、今でもはっきりわかりません。ユークリッド時代のギリシャにはギリシャ哲学が盛んで、知性が重んじられ、すべてのものの根源を考え、それから他のあらゆるものを説明しようという思想もありました。また、ソフィストなどの活躍もあって、議論をたたかわすということも行われ、それによって論理的に物を考えるというようになったと思います。

この時代は中国では孔子によって代表せられる春秋時代で、諸子百家が出て、その後の中国の学問の源となったわけです。このように知性を重視する思想が東西軌を一にして生まれているにも拘らず、中国には論証を基礎にした数学は出てきませんでした。

その後のローマの時代にローマ法ができ、コインも造られ、政治、経済の発展はありましたが、数学に対する寄与は殆どなされていません。続いてアラビア人は商業活動を通じて、十進法を考え、東西の文化交流に大きい貢献をしております。しかし論証による数学というユークリッドの精神はすっかり忘れられ、貴族の子弟が教養として身につける程度のものになってしまいました。

ギリシャ人は幾何学のみならず、数論についても、素数と無理数について深い考察をしているのに、実生活に役立つ十進法すら考えなかったのは不思議に思われます。おそらく数学が学者だけのものになって、実生活の中にある新しい数学的事実に目を向けることがなかったのでしょう。仮にその気になっても、工業も無い農耕社会においては、数学者を刺激する素材も見当たらなかったと思います。

その後、中世の暗黒時代を経て、ルネッサンス運動がおこり、商工業が盛んになって、生き生きした人々の活動が始まると、新しい数学がヨーロッパに続々と生まれてきました。ルネッサンスを契機として、「根源的なものから複雑なものを論理的に導く」という、ユークリッド幾何学の精神が復活しました。これを代数に及ぼし、加減乗除の基本的規則――交換、結合、分配の法則――から出発して代数学を体系化したのはヴィエト(十六世紀)で、彼は代数学の父と呼ばれています。続いてデカルト(十七世紀)が平面の点を二個の数(座標)で表わし、幾何学を代数を用いて研究するという新しい方法をあみだしました。

ヴィエトやデカルトの時代がヨーロッパ数学の揺籃期で、その後急速に発展した新しい数学は、無限、極限、連続、運動を研究対象とし、微分積分学の樹立という素晴らしい成果が生まれました。この萌芽はギリシャ時代のアルキメデス(紀元前三世紀)の優れた研究にも見られますが、一般にギリシャ人は有限は完全なもので、無限は不完全なものと考え、無限を避けようとする傾向がありました。従って離散的なものと連続的なものとの間に矛盾を感じていました。このような思想の絆を断ち切って、広々とした世界に出て行ったのが、ヨーロッパの数学です。この機縁となったのが、ガリレイ(十六―十七世紀)の天体の研究でしょう。

細かいことはさておきまして、微分積分学に話を進めましょう。曲線を「小さい曲線分(弧)の連なったものと考え、その弧は対応する線分(弦)と殆ど(現代式に言えば、高位の無限小を除いて)同じと見なし、その微小線分の長さの和として、曲線の長さを求める」、また「運動も無限に近い二時点の間では直線運動と考えて、これを加えて、有限時間の変位を求める」という、素晴らしい考えが生まれました。曲線や運動の微小な部分が微分で、これを加え合わせるのが積分であります。ここで重要なことは、微分が直線的であるという洞察で、これは現在の言葉で線形化(linearization)と呼ばれるものです。

この新しい数学は、微分計算学(differential calculus)と呼ばれ、これに対して今までの代数学は有限解析と呼ばれました。代数方程式に対して、微分方程式が生まれ、これが物理学の新分野における諸法則を表現するのに適合していて、質点系のニュートンの方程式、流体力学のオイラー-ラグランジュの方程式はすべて微分方程式です。かくして数学の内容が著しく豊富になりました。これが十七世紀、十八世紀の解析学であります。この時代には複素数も形式的に導入せられ、これを有効に利用しております。

ギリシャ数学の論証の精神は、この時代の数学でも重要な役割を演じておりますが、ユークリッド幾何学のような厳密な体系として、解析学を樹立することはできず、当時の数学者は不安ながらも直観的、形式的な推論をまぜ合わせて、ひたすら前進していたわけです。

十九世紀になって、ガウスが複素数を平面上の点で表わして、複素数の厳密な理論を作り、コーシーが ε–δ 論法によって連続関数を定義するなど、解析学の基礎が次第に固まってきました。こうして十九世紀は数学の黄金時代といってもよい程、限りなく多くの数学の成果が生まれました。数学の論理的検討も益々盛んになり、非ユークリッド幾何学も生まれました。十九世紀の末期になってはじめて、ワイエルシュトラス、デデキント、カントルによって実数の厳密な定義が生まれました。

数学の全分野にわたって、ユークリッドの幾何学と同じような厳密な体系が出来上がったのは、二十世紀になってからです。ここで断っておきたいのは、現代的な目で見れば、ユークリッドの幾何学は決して完全なものではありません。しかし、基本要素(点、直線)とそれに関する基本性質(公理)から出発して、幾何学を構築するという思想が重要なのであります。

十七世紀から十九世紀にかけて、無数の新しい数学理論が生まれました。これらの理論は相互に複雑に関係しております。これを整理して、すべてを基本要素と基本性質から導くということは、ユークリッドの幾何学の建設とは比較にならない難しいことと思えます。ところが、それは案外簡単なことで、全数学の基本要素は集合で、基本性質は集合論の公理であることが二十世紀に明らかになったのです。いいかえれば、数学は論理的には集合の理論にすぎないのです。集合論を導入したカントルは、そこまで意図していなかったともいわれていますが、結果的にはそういうことになったのであります。

論理学で内包と外延という言葉があります。内包は性質で、外延はその性質を持ったものの集合です。性質A、Bの外延をA′、B′としますと、AからBが出るということは、A′がB′に含まれる(A′⊂B′)、「AまたB」という性質の外延は、A′、B′の和集合(A′∪B′)となり、性質に関する諸命題はすべて、その外延(集合)に関する命題で表わされます。この意味で数学的性質を考察することは、集合の考察に帰せられます。

さて、集合論(実は数学全体)の基本要素は集合です。二つの集合があれば、AがBの元である(A∈B)か、そうでないかのいずれかです。これは集合の基本性質です。これだけでは数学はできないので、他にいくつかの基本性質(公理)を仮定します。この諸公理の間に矛盾があっては困るので、種々の深い検討がなされていますが、それは専門的になるから省き、現在の所矛盾はでていないということだけを申し上げておきます。

元を持たない集合を空集合(∅)と言い、これを0とも書きます。0を元とする集合{0}を1と書き、0、1を元とする集合{0, 1}を2と書き、以下同様にして、3={0, 1, 2}、4={0, 1, 2, 3}を定めます。こういう集合が考えられることは、あらかじめ定めた公理から出てきます。このようにして自然数(0も含めて)が定義されます。これから負の整数、有理数、実数、複素数、座標を用いて平面、立体、n次元空間などが定義されます。

代数系(群、環、体)や位相空間、可微分集合体、確率空間等々現代数学における基礎の系は、集合に構造(structure)を入れたものですが、この構造は写像で定義せられ、その写像はグラフを考えることにより、集合で表わされます。したがって、すべて数学分野の定義や定理は、すべて集合論の枠の中で表現でき、定理の証明も集合論の言葉で記述することができます。この意味で数学は論理的には集合論であると申したのであります。

しかし、普通の数学の本はこのように書いてあるわけではありません。ただ、もし推論について疑念がおこったときには、集合に戻って考えることにより、確かめることができるのであって、そういうことができるものだけが数学の理論であるというわけです。

では、集合に帰着できるものがすべて数学の理論として価値があるかというと、そうではなくて、科学的諸現象を記述するために作り出された数学の理論、それに関連して生み出された数学の理論が価値があり、また純粋数学的にも興味のある結果をもたらすのです。このようにして、数学は科学に密接に関係しているのです。

以上はヨーロッパの数学の発展状況です。中国、インド、アラビアでは、エジプト、メソポタミア流の実用数学はかなり発展しましたが、論証による数学の体系化というギリシャ流の数学は主流とはならず、また物理学、工学に関連した微分積分学、解析学も生まれなかったのです。

日本の数学の歴史について考えてみましょう。ギリシャのユークリッドの時代は日本では縄文時代の末期で、人々は採取によって食料を得ていて、まだ農耕時代にも入っていなかったのです。ギリシャと日本との文明の格差がいかに大きかったかが知られます。しかし、ヨーロッパも同程度の状態で、ゲルマン人も、スカンディナヴィア人もスラブ人も森の中で狩りをして生活していたわけです。

奈良時代の直前に中国から律令制度を取り入れて、国家の体制を整えた後に、中国の数学(算術)を受け入れ、明経道、暦道、陰陽道とともに算道を研究する算寮、算博士、算生の制度もできました。中国文化を学び、これを日本的なものにして、音楽、美術、詩歌文学などの分野で独自の文化を創出したことは周知の通りですが、数学については何もしなかったのではないかと思います。当時、中国では実用数学(主として算術)については教科書もできており、それによって算寮で数学教育をしたはずであります。仮名を発明し、それによって、素晴らしい小説、日記、エッセイを書くことができた日本人が、日本語で書かれた数学の啓蒙書すら残していないのは不思議といわざるを得ません。そういうものが日本にあらわれたのは、その後何百年も経た江戸時代です。

その頃には、中国ではアラビア、ヨーロッパの数学の本も伝わり、その中国語訳も出て、それが日本に伝わって、江戸時代の日本の数学に影響を与え、関孝和、建部賢弘などが、和算と呼ばれる独特の数学をあみ出しました。その結果の中にはヨーロッパに先んじて得られたものもあり、彼等の頭のよさには感服させられます。しかし、その成果は論証の精神によって体系づけられているわけでもなく、また他の諸科学との関連も乏しく、芸の域にとどまって、学問の名に値するものとはならなかったのです。

このように、エジプト、メソポタミア、インド、中国、ギリシャ、アラビア、ヨーロッパの諸文明はそれぞれ数学を産み出したのですが、結局ギリシャからヨーロッパへ繋がる数学の伝統だけが残り、他はこれに吸収されたり、立ち枯れて消滅してしまいました。

日本で明治新政府がヨーロッパ文明を受け入れ、その制度や学問を導入した時には、日本古来の伝統も残したわけで、その最たるものは日本語であります。数学も言葉の一部であり、江戸時代の和算の伝統もあったのですが、明治新政府は、義務教育の数学を算盤を用いる和算によるか、筆算を用いる洋算によるかについて、激しい議論がなされましたが、結局洋算によることにしました。この選択が正しかったことは言うまでもありません。しかし、筆算を教えられる教師がいなかったので、洋算採用に反対した和算家が急いで筆算を勉強して教えたのであります。こういうことができたというのも、江戸時代に和算があり、全国に数万の寺子屋で算盤を教えていたからであります。

ここで、数学の情報交流ということについて一言したいと思います。日本の和算家も本業は武士、医師などの知識階級で、数学者という職業があったのではありません。ヨーロッパでも、これは同じです。日本では秘伝などと称して、自分の成果を知らせず、他の研究者に自分の解けた問題を出して、互いに挑戦するという傾向がありました。京都の八坂神社には、このような問題を書いた算額が今でも見られます。このような傾向はヨーロッパにもあったようです。ヨーロッパでは外国語学も盛んになり、講義や論文はすべてラテン語を用いていました。その後、自国語で学問的労作をするようになりましたが、ニュートン(十七世紀)、オイラー(十八世紀)、ガウス(十八-十九世紀)の全集にもラテン語で書かれたものが沢山あります。しかし、十八世紀には大学に数学科(理論物理学、天文学も含む)もでき、講義録や論文を出版公表するようになり、定期刊行物としての数学誌もあらわれ、数学会も生まれてきました。日本でも明治の初めに日本数学会社ができました。これが現在の日本数学会の前身です。こうして書籍、雑誌、論文の交換を通じて、相互の情報の交換は敏速かつ平滑に行われるようになりました。それでも戦前には早くてもひと月以上かかりましたのに、現在ではゼロックス(ファクシミリ)、ジェット機などによって、一週間で情報の交換がなされている状況です。

こうして、数学の世界も万国一体化し、世界の数学者が一堂に会して、数学の討議をするという国際数学者会議が開かれるようになりました。第一回はスイスのチューリッヒで一八九七年に開催され、世界中から二百四人の数学者が参加しましたが、日本からは一人も参加しておりません。その後四年毎に開催せられ、約百年間(第一次、第二次大戦のための中断を除き)続いてきました。日本人(一名)が初めて参加したのは第二回(パリ)です。

来年(一九九〇年)第二十一回国際数学者会議が京都(国際会館)で開催されます。従来の開催地は欧米諸国に限られていましたが、最近の日本の数学の著しい進歩が国際的に認められて、日本開催の要望が高まり、前回の会議(米国バークレー、一九八八)の際に、今回の日本開催が決定されました。参加者は三千五百名(他に同伴者千名)になるものと予想されます。この会議では講演の他に、フィールズ賞、ネヴァンリンナ賞が、優秀な研究をした若手(四十歳以下)の数学者数名に授与されます。これまで日本では小平邦彦博士(一九五四)と広中平祐博士(一九七〇)がフィールズ賞を受賞しております。

国際数学者会議の際には、数学研究、教育を推進するための国際協力機関「国際数学連合」の総会が神戸国際会議場で開かれ、各国の代表が出席します。この代表者の数はその国の数学の力に応じて、一名から五名ですが、日本は、アメリカ、イギリス、フランス、西ドイツ、ソ連とともに最大の五名の出席権をもっております。

この国際会議は、日本数学会と日本学術会議および数学と深い関連のある分野の日本数学教育学会、日本オペレイションズ・リサーチ学会、日本科学史学会、日本ソフトウエア科学会、日本統計学会、日本アクチュアリー会と国際数学連合の共同主催で行われますが、実際の業務を担当するのは主として日本数学会であります。日本数学会では実施のための運営委員会、組織委員会をつくり、準備を進めてきました。この際、一番頭の痛かったのは、この会議のための多大の経費をいかに賄うかということでした。幸いに財界の方々が計り知れない御尽力をして下さいましたお蔭で、今では明るい見通しが立ち、数学会の会員は安堵して、準備に励んでおります。保険業界、金融業界など大きい業界の方々からは、多大の御高配を頂いたことについて、これらの業界に関与していられるアクチュアリー会の皆様に、この機会に御礼を申し上げたいと存じます。

私に与えられました講演の時間も残り少なくなりましたが、お約束ですから、確率論の歴史と私のささやかな確率微分方程式の仕事について述べさせて頂きます。

数学は、天文学とともに最も古い歴史をもつ学問であり、現代数学の多くの分野は、メソポタミア、ギリシャの古代数学に源を発しています。漠然とした確率の概念は、古代人も持っていたでしょうが、これを数値で表わすということを始めたのは三次方程式の解法で有名なカルダーノ(十六世紀)です。その後、パスカルやフェルマーがもっと体系的に確率論の素形をつくりました。彼等が取り扱った問題は殆ど賭けに関するものです。十八世紀の後半にベルヌーイ(Jacob Bernoulli)が「確率 p の事象を多数独立に観測して得られる発現頻度は p に近い」といういわゆる大数の法則を証明し、この時点で確率と統計との関連が明らかになり、確率論が単に賭けに関する数学ではなく、人口問題、保険の問題などに応用せられる有用な数学であることがわかってきました。その後、微分積分学、解析学の手法が確率論に導入され、ラプラスの『確率論における解析的方法』やガウスの『誤差論』などがあらわれました。十九世紀は数学の諸分野が著しく発展した時代ですが、それに比べて、確率の数学的理論の成果にはめぼしいものが有りませんでした。しかし、経済統計、経済物理学の発展に伴って確率論の新しい素材が続々とでてきました。その中の中心的なものが、時とともに変動する偶然現象を記述する確率過程で、これはニュートンの時代に考えられた、運動を記述する関数の概念の確率版であります。

二十世紀になって集合論による数学の諸理論の基礎づけが行われ、この影響は確率論にも及んできました。十九世紀から二十世紀の初頭にかけて確率の数学的本質が測度であるということがわかってきました。これは、ボレルやルベーグによる新しい測度論、積分論が生まれ、これによって面積、体積などが厳密に定義されたことに起因します。

この思想は初めは個々の問題についてあらわれてきたのですが、遂にコルモゴロフが確率空間の上に確率論を打ち立てることにより、確率論全体を体系化するに至りました。このようにして、十九世紀末に諸科学の分野における統計現象に関連して生まれた確率過程も、完全に数学的に研究できるようになりました。

こうして、いくつかの基本的な確率過程、たとえばウィーナーのブラウン運動(現在はウィーナー過程)やレヴィの加法過程、ヒンチンの定常過程などが特に詳しく研究されました。確率過程論の初期には、いくつかの時点における値の結合分布の研究が行われましたが、すぐに確率過程の見本路の性質の研究に移りました。見本路こそ確率過程の本質といえるのです。

コルモゴロフは通常の力学系に対し、確率的力学系を考え、その推移確率を定める有名なコルモゴロフの微分方程式を導きました。私はコルモゴロフの考えの奥に潜むものを考察して、確率的力学系の見本路を支配する法則を直接書き表わすために確率微分方程式を考え、これを解くために確率積分、確率微分を定義しました。こうして得られた結果の平均をとることにより、コルモゴロフの微分方程式が得られます。この理論は、日本、フランス、ソ連、アメリカの多数の研究者により一般化され、現在では確率解析と呼ばれる分野になり、確率微分方程式で定まる現象の制御、推定の理論もできました。

確率解析では通常の微分積分学で、

$$df(x) = f'(x)dx$$

という形に書ける基本等式が

$$df(x) = f'(x)dx + \frac{1}{2}f''(x)(dx)^2$$

と書く必要があることがわかりました。これは通常、伊藤の公式と呼ばれています。現在ではこの公式は更に一般化されています。

最近確率解析は益々発展し、フランスのマリアヴァンが、確率的変分学という考えを導入して、極めて深い理論を作り上げました。これはマリアヴァン解析と呼ばれ、フランスのみならず、日本、アメリカ、イギリスで多く研究者がその発展に寄与しています。こうして、私が導入した確率微分、確率積分が多数の研究者の貢献により、大きく生長するとは、私の予期しなかった所で、私としては僥倖といわざるを得ません。自分のささやかな研究のことを、このような広範囲の話の中に入れるのは、気がひけるのですが、お約束だから、述べさせて頂きました。

御清聴ありがとうございました。

（一九八九・三）

組合せ確率論から測度論的確率論へ

確率論は、他の数学分野と同様に、人類が自然を理解し、かつこれに働きかけるために生み出した精神的財産である。確率的考察を必要とする現象は天候、災害、景気変動など数えきれないが、それらはいずれも極めて複雑で、そのため人類は幾多の迷信、俗説を生み出した。十七世紀にパスカル、フェルマーが最も簡単なくじ引きやさいころ遊びの問題を考察することにより、初めて数学的な確率の理論の第一歩が踏み出された。十七世紀の前半の確率論は殆ど賭けの問題に終始したが、それでも事象とその確率、確率変数とその期待値、試行の独立性などの重要な概念が導入された。対象はすべて有限個の可能性の場合で、研究手段は順列、組合せである。それで、この時代の確率論を組合せ確率論という。

このような状況のもとで、ベルヌーイが大数の法則を証明したのは驚くべきことである。確率pの事象を多数回(n回)観測すると、大体np回おこることは、誰でも気づいていたが、ベルヌーイの大数の法則はこのような漠然としたものではない。上述の場合におこる回数Rは確率変数であって、$\varepsilon>0$を任意に与えたとき、

$$\left|\frac{R}{n}-p\right|>\varepsilon$$

となる確率、すなわち

$$\sum {}_nC_r\cdot p^r(1-p)^{n-r} \qquad (r\text{は}|r-np|>\varepsilon\text{の範囲を動く})$$

が、$n\to\infty$のとき0に近づくことを、ベルヌーイは証明したのである。この大数の法則は、確率論が統計学の数学的基礎となることを示したもので、確率論における最古の金字塔である。

十七世紀半ばにはフェルマー、ニュートン、ライプニッツによる微分積分学があらわれ、可能な場合が連続体であるような幾何学や球面天文学の問題も取り扱われるようになった。それで、この時代の確率論は幾何学的確率論とよばれる。

十八世紀から十九世紀にかけて急速に発展した解析的方法をとり入れて、確率論も著しく進歩した(ド・モアブル、ラプラス、ガウス)。

十八世紀末から、平面幾何の公理的定式化（ユークリッド、紀元前三世紀）にならって、解析学の基礎を確立しようという気運が生れ、ラプラスは確率論の公理化をめざして、加法定理、乗法定理などを明示した。その後も確率論の公理化がブール、デデキントなどによって試みられたが、その適用の範囲は極めて限られていた。

他方、十九世紀には人口問題、保険、物理学、生物学などに統計的方法が導入されて、多大の進歩がもたらされたが、数学的には極めて不完全なものであった。しかし、二十世紀に著しい発展を遂げた確率過程論に幾多の新しい素材を提供したという意味で、確率論への貢献は大きい。

十九世紀の末尾から解析学の公理化が著しく進み、面積、体積の完全な定義が、ボレル、ルベーグによって与えられた。同時に、確率が面積、体積と同じ範疇（測度）に属することが認識され、一九三〇年代になって、確率過程をも視野に含めた。コルモゴロフの測度論的確率論が生れ、ラプラスに始まった確率論の公理化問題は終止符を打ったのである。

（一九八八・二）

コルモゴロフの数学観と業績

一九八七年十月二十日に、ソ連の偉大な数学者コルモゴロフ教授(Andreyiĭ Nikolaevich Kolmogorov)が八四歳で帰らぬ人となられたことを知ったとき、私は支柱を失ったような哀しさと寂しさを覚えた。学生の頃(一九三七)彼の名著『確率論の基礎概念』を読んで、確率論を志し、その後五十年余り、これを続けてきた私にとって、コルモゴロフは私の数学の基礎であった。

私がコルモゴロフ教授に御会いしたのは三回しかない。最初は一九六二年国際数学者会議(ストックホルム)の際である。開会式の前に大広間でぶらついていると、'Ito? Kolmogorov.'と親しそうに声をかけられて、吃驚したが、とても嬉しかった。「君はいくつか」とドイツ語できかれたから、'Sieben und vierzig.'と答えると、'Dreißig?'と聞きかえされた。だいたい日本人は若く見られるので、私も十歳若く見られたのかも知れない。それから二、三日してクラメール教授(スウェーデンの全大学の総長(Chancelor)。確率論、解析的整数論)が、出席者の中で確率関係の研究者十人程を自宅に招いて、夕食会を開かれたが、コルモゴロフやドゥブと共に、私もその一人に入れてもらった。

次は一九七八年に、国際数学者会議(ヘルシンキ)に続いて、確率統計国際シンポジウム(ビルニュス市、リトアニア、ソ連)に出て、その帰途モスクワに立ち寄った際、ヴァラダン(ニューヨーク大学)とプロコロフ(ソ連学士院)と共に、コルモゴロフに招かれ、クレムリン宮殿の傍の立派なレストランで昼食を御馳走になった。その頃コルモゴロフが高校の数学教育にも熱心で、優秀な生徒を集めて、自分でも講義していると聞いていたので、その内容について尋ねたら、たとえば簡単なベクトル場(速度場)の図を見せて、その積分曲線(軌道)を図示させるとか、具体的な分岐過程の問題を考えさせるなど、数学的直観力を養うようなものをあげられた。

三回目はトビリシ(グルジア、ソ連、一九八三)で開かれた日ソ確率・統計シンポジウムの際である。このときには、彼は健康状態がすぐれなかったにも拘らず、講演もされたし、パーティーでも雰囲気を盛りあげるように努力して、若い人達から慕われている様子がよくわかった。

コルモゴロフは、数学の殆どあらゆる分野で、独創的なアイディアを出し、斬新な方法を導入して、すばらしい業績をあげていたにも拘らず、私が会ったときの印象は、辺幅を飾らない温厚な君子の面影である。こういうのが、本当に偉大な数学者なのであろう。

私はコルモゴロフの論文はかなりよく読んだつもりでいたが、今回この稿を草するにあたって、彼の仕事を一わたり、直接、間接に調べてみて、その研究の幅の広さと深さに圧倒される思いがした。時間と紙面の制約もあって、十分なことはできないが、私の受けた感動を幾分でも読者に知って頂ければ幸いである。

資料の探索にあたって御世話になった吉沢尚明(京大)、池田信行(阪大)の両教授と京大数理研の図書室の方々に、感謝の意を表したい。

1　コルモゴロフの経歴

コルモゴロフ七十歳記念日におけるグネデンコの講演によれば、コルモゴロフは一九〇三年に、ロシアの田舎町(現在は市)タンボフに生れた。父は農学者であった。母はコルモゴロフ誕生の後、すぐに他界されたので、叔母たちに養育された。一九二〇年(十七歳)にモスクワ大学に入学する前に、鉄道の車掌として働いたが、余暇にニュートンの力学法則に関する論文を書いた。この原稿は現存していないようであるが、とにかく彼が如何に早熟の才であったかが想像される。この頃、ロシア革命(一九一七)が起きているから、その環境がどういう風であったか知りたいと思うが、私には今の所手がかりはない。

一九二〇年にモスクワ大学に入学した。初めはロシアの歴史に興味を持って、十五―十六世紀のノブゴロドの財産登記について調べたこともある。その後ステパノフのフーリエ級数(三角級数)のセミナーに出て、一九二二年(十九歳)にフーリエ級数、解析集合に関する有名な論文(後述)を書いて学界を驚かせ、それ以後、天馬空を行く勢いで、重要な研究成果を続々発表し、一九二五年モスクワ大学卒業、一九三一年同大学教授、一九三三年同大学数学研究所長、一九三七年にはソ連学士院会員となり、一九八七年に歿するまで、数学の研究、教育に多大の貢献をした。

2　コルモゴロフの数学観

コルモゴロフの数学観を知る上で最もよい資料は、ソ連大百科事典に彼が執筆している「数学」の項目であろう。英訳も出ていて、私が読んだのは英訳である。原文(ロシア語)と比較すると、英語版では、やや縮約されている。前文で数学観、これに続いて、古代から現代に至る数学の歴史が述べられている。しかもこの歴史の各段階が、彼の数学観を通して、具体的に詳述されている。これは数学者、科学者のための数学史ともいうべきもので、私には興味津々、巻を措く能わず、一気に読み通した。コルモゴロフの数学観を説明するには、前文のみならず、この項目の大部分である数学史を含めなければならないが、紙面も時間も許さないから、前文の要旨を述べるにとどめる。

コルモゴロフによれば、数学は「実世界における数量関係と空間形式の科学」である。

(i) したがって数学の研究対象は現実に根ざしているが、数学として研究するためには、現実の素材から離れなければならない(数学の抽象性)。

(ii) しかしながら、数学の抽象性は、現実の素材からの完全な分離を意味するものではない。数学で研究される数量関係と空間形式の数は、科学技術からの要求で、増加し続けていて、したがって上記で定義した数学の内容は益々豊富になりつつある。

数学と諸科学　数学の応用は多種多様であり、原理的には、数学的方法の応用の範囲には限りがない、即ち物質のあらゆるタイプの運動は数学的に研究することができる。しかし数学的方法の役割と意味は個々のケースによって異なる。唯一つの定式化で、現象のすべての側面をカバーするようなものは存在しないのであって、具体的なもの(現象)を認識する過程は、常に次の互いに葛藤する二つの傾向を具えている。

（i）　研究対象（現象）の形式だけをひき離して、この形式を論理的に解析する。
（ii）　既に確立された形式に合致しない「現象の面」を明らかにして、もっと柔軟性があって、「現象」をもっと完全に包み込むような新しい形式へ移行する。

研究の各段階で常に現象の質的に新しい側面を考察する必要があり、したがって現象の研究の困難さが、上記の（ii）に大きく依存するというような現象の研究（生物学、経済学、人文科学など）では、数学的方法は後方に退くことになる。この場合には現象のあらゆる面の弁証法的分析が、数学的定式化によって、かえって曖昧にされることになる。

これに対し、比較的簡単な、安定性のある形式が研究対象（現象）を支配し、この形式の範囲で、特殊な数学的研究（特に新しい記号と計算法の創造）を必要とする困難でしかも複雑な問題が生じてくるというような現象の研究（たとえば物理学）は数学的方法の支配圏に入る。

このような一般論の後、まず遊星の運動は数学的方法の完全な支配圏にあるということを詳しく説明している。ここでは数学形式は有限個の質点系に対するニュートンの常微分方程式系である。

力学から物理学に移行しても、数学的方法の役割は殆ど減少しないが、応用の困難さは著しく増大する。物理学で、高級な数学技術（たとえば偏微分方程式論、関数解析）の使用を必要としない分野は殆どない。しかし研究に含まれる困難さは、数学理論の展開の中にあるよりも、むしろ「数学的取扱いのための仮定の選択」と「数学的手段によって得られた結果の解釈」の中にあることがよく起る。

数学的方法が、考察のあるレベルから、より高い、質的に新しいレベルへの移行の過程を包みこむ能力があるという例を物理理論の中に多数見ることができる。古典的な好例は拡散現象に見られる。拡散の巨視的理論(放物型偏微分方程式)から、より高い微視的レベルの理論(溶液の中の粒子のランダムな運動を独立な確率過程の系として捉える統計力学)へ移行し、後者から大数の法則を用いて、前者を支配する微分方程式が導かれる。コルモゴロフはこの事情をもっと詳しく具体的に説明している。

生物学においては、数学は、物理学におけるよりもずっと従属的になり、経済学や人文科学においては、なおさらである。生物学や社会科学においては数学的方法の応用は主としてサイバネティクスの形で、なされる。これらの科学においても、数学の重要さは、補助科学——数理統計学の形で幾分残るが、社会現象の究極の分析においては、各歴史的段階における質的差異の側面が支配的地位を占めるため、数学的方法はしばしば後方に退くことになる。

数学と技術　算術や初等幾何の原理は、古代の数学史の示すように、日常生活の必要から生じたものである。その後の新しい数学的方法やアイディアも天文学、力学、物理学など、実際的な必要性に応えるための学問の影響のもとに生れた。しかし数学と技術(工学)との直接な結びつけは、今までしばしば、既存の数学理論の技術への応用という形で行われてきた。しかしながら、直接の技術的要求に応えるために新しい数学の一般理論が生れた例もあることを指摘しておきたい。(たとえば最小自乗法(測地)、演算子法(電気工学)、確率論の新分野としての情報理論(通信工学)、数理論理学の新分野(コントロール系)、微分方程式の近似解法、数値解法など。)

高度の数学理論が計算機科学の方法を急速に発展させたのであり、その計算機科学は、原子エネルギーの利用や宇宙開発における問題など数多くの実際問題を解決するのに主要な役割を演じてきたのである。

この後につづく数学史の叙述においても、コルモゴロフは常に数学と他の諸科学との関連に目を向けているが、同時に数学内部の要求による純粋数学の発展も高く評価している。たとえば、実際問題への応用という点では、ギリシャはバビロニアに遅れをとっていたが、数学の理論的側面においては、ギリシャはバビロニアをはるかに凌いでいると述べ、「素数が無限に存在すること」や「直角二等辺三角形の斜辺と他の一辺が共通の単位の整数倍として表わせないこと」の発見には最上級の讃辞を述べている。つづいて、実際的なバビロニア数学と理想主義的なギリシャ数学が、中世のアラビア数学を経て、ヨーロッパの近代的な数学に発展していく過程を詳しく説明してあって、実に興味深い。私はこの歴史からいろいろの史実を学んだ。たとえば、変換群というのは、十八世紀後半から十九世紀の初頭にかけて、ラグランジュ(解析)やガロア(方程式論)によって有効に用いられていたことは知っていたが、現在大学で習う(抽象)群の定義は誰が与えたのかを知りたいと思っていた。このコルモゴロフの数学史によれば、十九世紀半ばに、ケーレーによって与えられたとのことである。

要するに、コルモゴロフの数学観は、彼の数学における独創性と、数学の応用に対する熱情と、数学発展の歴史に対する深い洞察から形成されたものであって、一言で総括できるものではない。しかし敢えていうならば、コルモゴロフは、数学を限りなく生長して行く「生き物」のように見ていたのではなかろうか。

3　コルモゴロフの数学の業績

コルモゴロフは百数十篇の数学の論文を書いているが、これを特長づけるのは、「研究分野の幅の広さ」「新しい視点を導入する独創性」と「叙述の明快さ」である。その研究は実変数関数論に始まり、数学基礎論、位相空間論、関数解析、確率論、力学系、統計力学、数理統計、情報理論など多岐にわたっている。その研究について、背景などに触れながら、概略を述べよう。

a　実変数関数論

コルモゴロフがモスクワ大学でステパノフのフーリエ級数のセミナーに出て、数学に興味をもち始めた頃(一九二二)、それまで主として連続関数を対象としていた微分積分学が、可測関数を対象とする実変数関数論に生長して、数学の新分野として注目を浴びていた。コルモゴロフは一九二二年(十九歳)に、δｓ集合演算を導入して「ボレル可測でない解析集合の存在定理(Souslin)」を含む新しい定理を証明し、さらに同年に「(形式的)フーリエ級数が殆ど到る所(後に到る所)発散する[0, 1]上の可積分関数の構成」に成功した。これらはそれぞれ Mat. Sbornik, 1925 と Fund. Math., 1923(Doklady, 1925)に論文として発表された。フーリエ級数、直交関数展開についても、いくつかの論文を書いている。さらにルベーグ積分の拡張を試み、ダンジョワ積分の研究に及んでいる。これはだいたい一九三〇年頃までの研究である。

b　確率論の基礎

コルモゴロフの確率論における大きい功績の一つは、測度論の言葉を用いて確率論を現代数学の一分野として確立したことである。従来、偶然事象、偶然量などは定義をしないで、用いられていた。コルモゴロフは確率が測度と同質なものであることを見ぬき、確率測度空間 $(\Omega, \mathcal{F}, P)$ の上で、偶然事象を Ω の $\mathcal{F}$-可測部分集合、偶然事象の確率をその集合の P-測度、偶然量を Ω 上の $\mathcal{F}$-可測関数、その平均値を積分によって定義する。これによって確率論の理論展開は、極めて明確かつ容易になった。たとえば銅貨投げの遊戯(coin tossing game)は確率空間 $\Omega=(\Omega, \mathcal{F}, P)$ 上の $\mathcal{F}$-可測関数の列 $X_n(\omega), n=1, 2, \cdots$ で

$$P\{\omega : X_1(\omega)=i_1, X_2(\omega)=i_2, \cdots, X_n(\omega)=i_n\} = 2^{-n}$$

$$n = 1, 2, \cdots, \quad i_1, i_2, \cdots, i_n = 1 \text{ または } 0$$

を満たすものと定義し、$X_n(\omega)=1$ または 0 に従って、n 回目に表または裏が出たということにすればよい。ここで起る数学的問題は、このような $\Omega=(\Omega, \mathcal{F}, P)$ と関数列 $\{X_n(\omega)\}$ の存在証明である。これは幾通りもあるが、たとえば、$\Omega=(0, 1]$, $\mathcal{F}=(0, 1]$ のボレル部分集合族、P=ルベーグ測度、

$$X_n(\omega) = W_n, \quad \omega = 0.\omega_1\,\omega_2\cdots \quad (\text{二進法展開})$$

とすればよい。$0.0111\cdots=0.1000\cdots$ であるが、このときには左辺の展開をとることにする。

このように確率を測度として捉えることは、特殊の問題についてボレル(上記の例)、ウィーナー(ブラウン運動)が既に試みているが、すべての問題をこの方法で統制したのは、コルモゴロフの『確率論の基礎概念』である。具体的な場合は多く $\Omega=\boldsymbol{R}^A$ (A は任意の集合)とすることができるが、その場合に目的にあうように P を構成するための定理も、コルモゴロフが証明し、これが有名なコルモゴロフの拡張定理である。

従来考えられていた具体的な測度は最も一般なもので $\boldsymbol{R}^n$ 上のルベーグ‐スティルチェス測度とリー群上の不変測度くらいのものであったが、コルモゴロフの測度論的確率論によって、新しいタイプの確率測度とこれに関する新しい問題が、偶然現象の数学的研究を通じて、続々と生み出されたのである。

c　確率論

コルモゴロフは先輩ヒンチンの影響を受け、一九二五年頃から独立な確率変数の級数の収束問題とその発散のオーダーについて研究した。つづいて、ウィーナー過程について研究した。これらの研究について、コルモゴロフはいくつもの新しいアイディアと方法を導入した。コルモゴロフの0‐1法則、コルモゴロフの不等式、ヒンチン－コルモゴロフの三級数定理、コルモゴロフの大数の強法則、コルモゴロフの判定法、コルモゴロフのスペクトル(乱流)などは特に有名である。さらに一九三九年には弱定常過程の内挿、外挿の問題をフーリエ解析の問題に帰着させて鮮やかに解決した。

またコルモゴロフは、力学系を決定論的(古典的)力学系と確率論的力学系(マルコフ過程)に分け、前者の軌道を支配する常微分方程式に対し、後者の推移確率を定める放物型偏微分方程式、いわゆるコルモゴロフの前進方程式と後退方程式を導入した(確率論における解析的方法について、Math. Ann. 1931)。それまで確率論で用いられた解析的手段は主に測度論とフーリエ解析であったが、ここに初めて偏微分方程式論、ポテンシャル論、半群の理論(関数解析)が用いられることになり、確率論の内容が極めて豊富になった。一九五〇年代のマルコフ過程の著しい発展の源は、このコルモゴロフの研究にある。私はコルモゴロフのこの論文の序文にあるアイディアからヒントを得て、マルコフ過程の軌道を表わす確率微分方程式を導入したが、これが私のその後の研究の方向をきめることになった。コルモゴロフの「基礎概念」(前出)と「解析的方法」は私にとっては至宝である。

d　数理統計　日本では確率論と数理統計との間の研究交流が、残念ながら、あまり盛んでないが、コルモゴロフを始めソ連の確率論者は両者の関連をもっと重要視している。確率論では一つの確率空間をもとにして話を進めるが、これを現実の問題に応用するには、一連の確率空間を考え、その中のどれが問題とする現象の確率的定式化として最良であるかを決定しなければならない。この決定が数理統計学の一つの目的であるといってよい。コルモゴロフは数理統計学の論文もかなり書いている。パラメーターによらない検定法に用いられるコルモゴロフ－スミルノフの定理は有名である。

e　数学基礎論　コルモゴロフは若い頃から、数学基礎論、特にブラウアーの直観主義(有限の立場)に深い関心をよせていたようであり(たとえば、Math. Zeit. **35**(1932), 58-65)、アルゴリズムについての研究もある。

f　位相空間論・関数空間論　コルモゴロフがアレキサンダーとともにコホモロジー理論の創始者であることは、あまりにも有名である。またコルモゴロフは位相的構造と代数的構造をもつ空間の理論(線形位相空間、位相環)の研究に先鞭をつけた数学者の一人であろう。

全有界な距離空間Eのε-netの点の個数の最小なもの$N_E(\varepsilon)$の$\varepsilon\to0$のときの行動を

調べてEの特性量としてε-エントロピー、ε-容量の概念を導入し、これをEが連続関数の空間の部分空間のときに応用している(チホミロフと共著、Uspehi(1959))。これは、それまでの関数解析に見られない新しい見地である。

g　力学系　コルモゴロフは古典力学系について深い知識をもっていたし、彼自身いくつか重要な論文を書いている(Proc. ICM 1954, Amsterdam, **1**, 315-333)。一般の力学系(一径数保測変換群、流れ)についても研究し、「コルモゴロフの流れ」という重要な概念を導入している。流れの特性量としては、スペクトル型(ヘリンガー-ハーン)があることはすぐわかるが、コルモゴロフは新しい特性量として、エントロピーを導入した(Dokl. **124**(1959), 754-755)。これが新しいエルゴード理論のさきがけとなったことは、いうまでもない。

以上の他にもコルモゴロフの有名な仕事は多い。たとえばヒルベルトの問題13の否定的解決(岩波『数学辞典』のヒルベルトの項参照)、乱数表の考察(Sankhyā, A **25**, 1963)、情報理論に関する諸研究など。

4　コルモゴロフの数学教育論

コルモゴロフがモスクワ大学で多数の数学者を養成して、その中から多くの国際的に著名な学者がでていることは、よく知られているが、彼はまた高校の数学教育にも熱心で、自分でも講義をして、数学教育のあるべき姿について、深く考えていた。コルモゴロフの六十歳の誕生日(一九六三)の際、アレクサンドロフとグネデンコの講演記録「教育者としてのコルモゴロフ」を参考にして、コルモゴロフの数学教育論について述べよう。ソ連の教育制度は日本と少し違って、小学(七歳―十歳)、中学(十一歳―十四歳)、高校(十五歳―十七歳)、大学(十八歳―二十歳)となっていて、大学では数学科と物理学科は一つ(数学・物理学部)になっている。高校は日本の制度の高校二年から大学の教養課程に相当し、大学は日本の学部と修士課程とを合せたものに相当する。日本の旧制の高校と大学に似ている。大学卒業の際には論文を書いて学位を得るが、これは日本の修士の学位のようなものである。博士号は、その後オリジナルな論文を沢山書いた特別すぐれた学者に与えられる。

コルモゴロフによれば、十―十二歳位の生徒から、数学の才能のある者を探そうとする親や教師がいるが、これは生徒を駄目にする危険がある。しかし十四―十六歳になると事情は一変して、数学・物理に対する興味がはっきり現われてくる。コルモゴロフが高校で数学・物理を教えた経験によると、約半数の生徒は、数学・物理は自分にとってはほんの少ししか役に立たないと考えるようになる。このような生徒のためには、やさしい内容のカリキュラムを考えた方がよい。それによって、他の半分の生徒(これは全部が数学・物理を専攻するようになるわけでないが)の数学教育をより効果的にすることができる。

高校レベルで数学・物理系、工学系、生物・農学・医学系、社会・経済系の諸専門に分けた方がよい。各系の主要学科のための時間の増加はほんの少しでよい(たとえば数学一時間、物理一時間など)。それでもその効果は著しい。各専門の系の学級における教育は生徒に目的意識を与えることができるのであって、幅のある一般教育に対する脅威にはならないであろう。革命の初期に掲げられた「ユニフォームな労働学校」のスローガンは、個人の能力の開発や特殊な訓練の否定を意味するのではなく、ただ階級意識的な学校の破棄と、貧しい人の前に立ちはだかる障壁の除去を意味しているのである。

数学に特別の才能が必要であるというのは、誇張である場合が多い。数学が特に難しい科目であるという印象は、下手な、極めて形式的な教え方から生ずることもある。よい教師とよい教科書が与えられるならば、正常な平均的な人の能力は、高校数学を評価し、さらに微分積分の初歩をある程度理解するのに十分である。

しかしながら、高校生が大学での専攻科目として数学を選ぶという際に、自分の数学に対する適性をテストしたくなるのは、自然なことである。実際(数学の)推論を理解したり、問題を解いたり、さらに新しい発見をするについての速度、容易さ、成功度は人によってそれぞれ異なる。数学専門教育のためには、数学の分野で成功の可能性の多い青年を選ぶことを目標とすべきである。

数学に対する適性とは何か。コルモゴロフは次の三点であるという。

1　アルゴリズムの能力。複雑な式の上手な変形、標準的な方法では解けない方程式を巧妙に解くことの能力をさす(沢山の定理や公式を記憶していても駄目である)。

2　幾何学的直観。抽象的なことでも、頭の中で、目に見えるように描いて考えられること。

3　一歩、一歩論理的に推論する能力。たとえば数学的帰納法を正しく適用することができること。

これらの能力があっても、研究題目に対する強い関心と日々の絶えざる研究活動がなければ、何の役にも立たないであろう。

大学の数学教育でよい教師とは如何なるものか。

(i)　講義がうまい。他の科学分野の例をひいたりして、うまく学生をひきつける。

(ii)　秩序だった説明と広い数学の知識で学生をひきつける。

(iii) 個人教授にすぐれている。個々の学生の能力をよく見きわめて、その能力の範囲で仕事をさせ、学生に自信をつけさせる。

このいずれも価値があるが、理想的な教師は(iii)の型の教師である。

数学・物理学部の学生の数学教育について、コルモゴロフは、正規のコースをとらせるほかに、特に次の二点を強調している。

(i) 関数解析を、日常の道具として自由に使えるように教育すること。

(ii) practical work を重視すること。

この意味は私にはわかりかねたが、かつてモスクワ大学でコルモゴロフから習ったという方に最近会って聞いたところ、微分方程式でも係数や境界条件に対して具体的に数値(これは学生ごとに異なる)を与えて、その解の性質を学生に調べさせるという意味のようである。

学生が研究を開始する時点になったときに、まず必要なことは、その学生に「自分で何かができる」という自信を持たせることである。したがって研究題目をあてがう場合にも、「その題目の重要性」について考えることはもちろん必要であるが、それだけでなく、「その研究がその学生の向上の刺戟となるか」「その学生の能力の限度内にあって、しかも最大の努力を必要とする程度のものであるか」を考えなければならない。

以上がコルモゴロフの数学教育論の概略である。コルモゴロフは偉大な数学者であったのみならず、偉大な教育者であった。むしろ偉大な思想家であったというべきであろう。

（一九八八・一〇）

V　確率論と歩いた六十年

確率論と歩いた六十年

今日の講演をはじめる前に、昨日の授賞式に述べさせていただいた謝辞を、もう一度申し上げて、これに幾つかのエピソードを付け加える形で、お話ししてみたいと思います。

*

この美しい秋の一日、私の第二の故郷ともいうべき京都において、高い理念に基づく京都賞の受賞者の一人に選ばれましたことを誠に光栄に存じます。

去る(一九九八年)六月、今回の受賞決定の報せに伴い、稲盛財団の方から私の現在の関心事を尋ねられました。一瞬とまどいましたが、結局「地球と人類の未来」とお答えしました。数年前、八十歳の誕生日からですが、「森の人」という物語を書き始め、家族に幾度も語っては、「また、二万年後のお話ですか」と、あきれられていたからです。

それは、はるか二万年後の人類が、現在とは異なった価値観をもって、森の中に再生するという物語でした。数万年前の人類、ホモ・サピエンスが最後の氷河期を生き延び、今、ホモ・サピエンス・サピエンスとして地上にあるように、二万年後の人類は、一層暗く厳しい「核の冬」を生き延びた、「ホモ・サピエンス・サピエンス・サピエンス」でなければなりません。そのサピエンス、すなわち「叡知」は、決して間違いをしない「知能の高さ」をいうのではなく、困難や誤謬の中で挫けそうになりながらもなお、人間を人間たらしめている「心の暖かさ」や「志の高さ」を失わない、本当の意味での「人間らしい叡知」であることは容易に想像できます。

京都賞が、その三つの部門において、他のいずれの伝統ある賞にも増して広範な分野を対象に容れ、真・善・美の多様な表現を、人間らしい希望の証として、顕彰してこられたことは、「地球と人類の未来」への励ましをこめた贈り物となっています。

ひるがえって、このすばらしい賞の受賞者に選んでいただいた私が、これまでに為し得たことは、偶然性に満ちた世界の法則性を数式で記述する幾つかの論文を書いたに過ぎません。私の論文に興味をもち、多少の独創性を見出し、新たな独創を加えて発展させ、厳密で美しい数学体系を築いてこられた方々、また、数学以外の分野での応用によって、抽象化された数学の世界と、自然と人間のかかわる現実世界との間に、見事な橋を架けて下さった方々、この多くの方々の貢献がなければ、今日、私が栄えある京都賞をいただくことはなかったでしょう。これら全ての研究者の方々の貢献を、私の五十年前の仕事にまで還元して表彰してくださった、稲盛財団と京都賞選考委員会の方々の、寛大で周到なご努力に、心からの感謝を捧げたいと思います。本当にありがとうございました。

二万年後の森の価値観

現在、この地球に生きている人類はすべてホモ・サピエンスと呼ばれています。ご存じのように、ネアンデルタール人も、ホモ・サピエンスに分類されていますが、およそ二十五万年前に登場し、西アジアからヨーロッパにかけて大発展し、三万三千年前ごろ、気候の寒冷化の中で絶滅したといわれています。あの長い毛におおわれたマンモス象でさえ一万二千年前、最後の氷河期が終わる前に絶滅した中で、生き延びた人類をホモ・サピエンス・サピエンスと呼んで、ホモ・サピエンス・ネアンデルターレンシスと区別することもあるようです。

「森の人」の物語を聞いてくださった方から、「《核の冬》は本当に来るのでしょうか。それが来た場合、人類が生き延びる可能性は、確率でいうとどのくらいとお考えですか」という質問を受けました。私は、こういう確率の専門家ではありませんし、核兵器という意味の「核」の専門家でもありません。しかし、数学者としての私の仕事は、物理学者のアインシュタインやフェルミの仕事と関係がありますし、最初の原子炉の建設者フェルミが亡くなり、かつて原爆の父と呼ばれたオッペンハイマーが水爆の製造に反対してプリンストン高等研究所の所長の職を追われた一九五四年に、私はこの研究所の研究員だったのです。

地球上に核戦争が起これば、核の冬が来ますし、核の冬が来れば、人類は生き延びられないと思います。人類だけでなく地球上のあらゆる生物を、何十回も絶滅させる量の核爆弾を抱えた地球では、すでに「核の冬」が始まっているとも考えられます。本当の意味での「人間らしい叡知」を発揮して「新しい価値観」を創造し、森の中に再生する二万年後までには、想像を絶する時間の経過がありますが、宇宙に地球が誕生して以来、すでに四十五億年が経過したことを考えれば、ほんの短い時間ということもできるでしょう。ちなみに、放射性元素ウラン238の原子数が崩壊により半減するまでの時間は四十五億年、プルトニウム239のそれは二万四千年なのです。

＊

二万年後の森の人類を、「ホモ・サピエンス・サピエンス」と呼ぶのは、私の思いつきなので、残念ながら辞書には載っていませんが、たいていの辞書にはホモ・サピエンスの別名として、何をもって人間の本質とするかによって、「道具を作るホモ・ファーベル」、「遊びをするホモ・ルーデンス」、「言葉をもつホモ・ロクエンス」などが載っています。数学の記号は「厳密な論理で自然界の法則を記述する美しい言語」ですから、数学者としての私は、「言語をもつことを人間の本質とするホモ・ロクエンス」という考え方に心を惹かれてきました。そして、文学はもちろん、音楽もまた、人の心を表現し、人の心に語りかける言語なのだからと、ホモ・ロクエンス讃歌を折あるごとに語ってきましたが、それが「日常の言語」による座談であることは言うまでもありません。

私が数学の言葉で書いた論文や、私の論文と「金融の現場」との関連について興味をお持ちの方々は、明日のフォーラム「確率解析から数理ファイナンスまで——二十世紀確率論の展開」を、お聞きくださるようにお願いいたします。

*

二万年後の森の「新しい価値観」は非常に単純なものです。「人間らしいサピエンスの森の価値は、いかに強力な武器を持つかによって測られるのではなく、いかに多くの人々が詩人で在り得るかによって測られなければならない」というもので、前半はともかく、後半は、ここでいう「詩人」の定義が必要だと思います。詩人とは、一般には、優れた想像力(imagination)によって普遍的な美しさを創造し、それによって人々に生きる勇気を与えるような、文学や音楽を創りだす人のことですが、「彼は詩人だから」と揶揄するときは、「夢想家」あるいは「変り者」という意味です。残念ながら「彼は数学者だから」というのも概ねこれに近く、「どこにいても、頭の中は数学しかない数学者」が、周りに迷惑をかけたり、人の心を傷つけたりしたときに、彼をかばっていう言葉になっています。おそらく私も、そのようにかばってもらって生きてきたと思います。しかし、先人たちの作品の美しさに感動し、自分の直観(intuition)と想像(imagination)の限りを尽くして、新しい美しさを付け加えようと努力している点では、数学者も、美しい作品を創りだす作家や作曲家と同じ意味で「詩人」であり、さらに現代の価値観の境界線上を彷徨《さまよ》う人々も、「詩人」として数えられてこそ「新しい価値観」であり得るのではないかと考えています。

　また、長いモラトリアムをピーターパンとして生きてきた若者が、自分の本当にやりたいことを見出し、そこに向かって歩いて行こうと決意した時にみせる英雄的な美しさにも、しばしば「詩人」の面影が見えると思いますので、一見はた迷惑な「変り者」も「詩人」のうちに数えられて、自分自身の「詩」を楽しみながら生きられるような、新しい価値観が、「森の時間」の魔法で、二万年後から一瞬のうちに眼前に現われるファンタジーを考えていたのです。

*

歴史と神話が分れる前の遥かな時代の物語が、私たちの心に懐かしさを呼び起こすのに対して、宇宙の果てに地球の分身が誕生する未来の物語の多くが、心を凍らせるような恐怖を伴っています。その理由は、神話の中の英雄たちが、困難な戦いの歳月の果てに、私たちに「白鳥の歌」を残して死んでいったのに、宇宙時代の英雄たちは、時間と引力のすきまからこぼれ落ち、人々の記憶からも永遠に消えて行くことが、暗示されているからだと思います。ともあれ、小学校時代の私は、歴史と漢文の教師で、郷土史二巻の著者でもあった父の語る神話の世界に住んでいました。

私の生まれ故郷は三重県ですが、それは日本の歴史と神話が分れるあたりの頃、一人の不幸な皇子が、十五年間の休みない戦いの旅の果てに、今も歌い継がれる詩を残して息絶えた丘陵があり、望郷の思いを歌う皇子の足が疲労と病で三重に折れ曲がっていたということが、その村の名、三重県三重郡三重村の由来となっているところです。そこは、私が小学校、中学校時代をすごした神戸町《かんべちょう》(現在の三重県鈴鹿市)から遠足に行けるあたりですが、遠足に来た自分たち以外には、全く人影のなかった池の畔や神社の森が、今、どうなっているのか、見に行く勇気がありません。

この皇子は九州から東北に到る広い地域で、華々しい活躍をして、その活躍ぶりが各地の地名に残っているのですが、私の故郷では、勇ましい働きは何もしていないのです。東の国へ旅立つ前には、「山野を駆ける羚羊《かもしか》のような足と、空を翔ぶ雲のような心」をもっていた皇子は、木曽川と長良川が伊勢湾に注ぐあたりの、海岸の松の木の根もとで食事をした後、大事な太刀を置き忘れてしまいます。何年か経って、重い足と重い心を引きずって戻ってきた時、太刀が松の木に立て掛けてあるのを見て、感激して歌った歌が、三重県の桑名町(現在の桑名市。私は、父が桑名小学校の教師だったとき、桑名で生まれ、父が神戸中学の教師になった時、私は神戸小学校に入学したのです。私の本籍地、三重県員弁郡北勢町山郷村には、祖父の屋敷があり、私にとっては、夏休みになると桑名から軽便鉄道に乗り、終点の手前の駅から一時間余り歩いてたどりつく「山は青き、水は清き」故郷でした。現在の「いなべ市」です。)の民謡として残っています。皇子は、この松の木に「私の懐かしい兄上!」と呼びかけていますが、皇子が無思慮な少年時代に兄を殺していることを考え合わせて、皇子の心の痛ましさが強く感じられます。

第二次世界大戦が終わった時、戦地から還った兵士たちの語る「還らざる人」の最後の姿は、あらゆる意味で、不幸な伝説の皇子と重なっていました。「還らざる人」の足は、皇子と同じように三重にまがり、餅のように腫れて、あるいは凍傷にかかって、もう一歩も歩けなかったのです。それは、遠足の小学生が遊ぶ故郷の森ではなく、降り続く雨にぬかるむ熱帯の森であり、零下四十度の針葉樹の森でしたが、「父の名のもとに出征し、父の祈り空しく異国の丘にたおれ、望郷の思いを友に託して死んでいった戦士」の姿という意味で、私は、郷里の歴史から神話の中に歩み去った「父と子」の再臨を見たのです。

「父」の意味の重さ、超越的な力をもつ「神」の同義語、と同時に、人間を見守る眼差しをもつ慈悲深い父、そのどれもがキリスト教世界と共通であり、日本独特という訳ではありません。しかし、私には、そのような「大いなる父」の存在とは遥かに隔たった意味で、二十六歳の若い父親だった私自身の個人的な体験がありました。肺のレントゲン写真に発見された大きな影のために、徴兵検査から即日帰宅した私は、戦時中の東京で子供を失いました。空襲でではなく、百日咳にかかった生後四カ月の次女が病院で亡くなったという個人的体験によって、私は、苦しむ子供を前にした父の無力さ、父の祈りの空しさに、自分を見失った日々があったのです。一九四二年二月のことでした。

それから十年以上経った一九五〇年代の日本で、外国の友人が駅などで大事なカバンを置き忘れて、数時間後に取りにいったら、ちゃんと元のところにあった、周囲にいた貧しい身なりの人々から「遺失物係に預けると、かえって厄介になるから、自分たちが交替で見ていた」等と聞かされて感激しているのに対して、私は「日本では当たり前だ。八世紀の初めに書かれた本に、こういう伝説があるし、その松の木もフォークロアも、私の生れた海辺の町に残っている」などと、誇らしげにいうことにしていたのです。

私は、神話の時代の物語の中で子供時代を過ごし、今世紀の戦争の時代の恐怖と困窮を体験した者の一人として、如何なる時代の、如何なる名のもとに行われる戦争にも反対しなければならないと思っています。地球の歴史上多くの戦争がそれぞれの時代の「神」の名において行われてきました。「神」は、時に「正義」や「民主主義」と名を変えて現われましたが、戦争の悲惨さは拡大し、「父と子の祈り」は無力だったと思います。しかも、戦後、一九五〇年代のアメリカで、物質的豊かさと精神的豊かさの恵みを体験し、その後の研究の多くを外国の友人たちに負っている者の一人としても、「核の冬」が来ないことを祈らずにはいられません。

確率論を始めた頃

私が名古屋の高等学校(旧制八高)を卒《お》えて、東京帝国大学の理学部数学科に入学したのは、一九三五年四月でした。上京するとき、友人が名古屋駅で、「この主人公は君に似ていると思うんだ。汽車の中で読んでみないか」と言って、漱石の『三四郎』をくれました。当時、名古屋東京間は特急つばめで五時間半かかり、車中で読み終えましたが、三四郎が熊本から上京した一九〇八年九月から二十六年余りも後に東京駅に着いた私は、友人の期待どおりのカルチャー・ショックを受けたのです。続いて、大学講内の池の畔で束の間の安らぎを見出すところも友人の想像通りでしたが、その後は違っていました。三四郎より私の方が遥かに幸せだったと思います。私はここで生涯の恩師と生涯の伴侶にめぐりあったのですから。

当時の数学科の先生は、高木貞治先生、中川銓吉先生、竹内端三先生、末綱恕一先生、辻正次先生、掛谷宗一先生そして彌永昌吉先生でした。私が大学に入った翌年の一九三六年には二・二六事件、一九三七年には盧溝橋事件があり、日本は第二次世界大戦への道を歩き始めていました。そんな時代でしたが、大学の中は別世界でした。弥生門の近くの建物の三階に数学科の部屋があって、石田さんという年配の用務員さんが、暖炉にいつもお湯をわかしていて、私たち学生は好きなときに、お茶の用意をしてもらっていました。

よく、どうして確率論を選んだのかと聞かれます。実は、八高時代の私は力学に興味を持っていたのです。力学の授業で落体や放物体の運動の講義を聞いて、自然現象が数学的に明快に説明されることに興味を持ち、遊星の運動に関するケプラーの法則が、ニュートンの力学原理と万有引力の法則をもとに運動方程式をたてて導かれるという話に感銘を受けましたので、大学では力学を勉強したいと思っていました。

大学に入って、周りで展開される活発な議論に刺激され、純粋数学に内在する結晶のような構造美に魅了されました。同時に、多くの数学的概念の根拠が自然現象の力学の中にあることも分ってきました。「大数の法則」といって非常にランダムに見える現象の中にも法則が見出せるという新しいタイプの法則のことを知り、統計力学をやるのに、そういう知識が必要だと思いましたので、ベルヌーイ(Jakob Bernoulli)の大数の法則や、ド・モアブル(de Moivre)の中心極限定理などの本を読んで勉強し、当時の私なりに理解しました。私は高等学校の第一外国語はドイツ語でしたので、フランス語は大学一年の夏休みに日仏学院に三週間通っただけでしたが、数学の言葉は世界共通ですから、後には独学のロシア語も、数学の本に限って読めるようになりました。

こうして、統計力学から次第に確率論に近づいていったのですが、その頃の日本には確率論を専門に研究している数学者がいなかったばかりか、私自身も「確率論が厳密な意味で数学と言えるかどうか」という疑問を持っていたのです。そんな私が、最初の興味につながる一筋の道を歩みつづけ、この分野の発展に何らかの貢献をすることができたのは、恩師彌永昌吉先生からいただいた暖かい励ましのお蔭にほかなりません。彌永先生はご専門の整数論のみならず、数学全般にわたって広い視野と先見の明を持っておられました。セミナーの一学生だった私が、三四郎池の畔で考え込んでいた日から、今日まで六十年の長きにわたって、先生は常に私の前を歩いておられ、九十歳を越えてなお矍鑠《かくしゃく》として、時折り足下がふらつき始めた私を気遣ってくださる余裕を見せつつ、颯《さっ》爽《そう》とした歩みを続けておられます。（彌永先生は二〇〇六年に逝去、享年一〇〇歳。「私」は二〇〇八年死去、享年九十三歳。）

＊

大学を卒業した一九三八年から、名古屋大学に助教授の職を得る一九四三年までの五年間、私は内閣統計局に勤めていました。大学卒業と同時に結婚した私は、翌年には一児の父となり、アカデミズムに安住することは考えられませんでした。しかし、それは数学の研究を始めようとしていた私にとって大きい意味をもつ五年間でした。

先に述べましたように、一見無秩序に見える現象の中に統計的法則があるという事実に、学生時代から心を惹かれていて、これを解明する数学が確率論であると感じていました。大学の三年頃から確率論に関する論文や著書を少しずつ読んでいましたが、そこには確率変数という基本概念について直観的説明があるだけで、土台が欠けているように感じました。

厳密な定義をもとにして数学体系をつくるというのは、現在では当然のことと考えられていますが、これが数学の全分野に行きわたったのは比較的新しいことで、微分積分学でも、十九世紀末に実数の厳密な定義が与えられ、初めて現代的な数学体系といえるようになったのです。私は幸いに、八高で三年間薫陶《くんとう》を受けた近藤鉦太郎先生や、東大の一年のとき名講義に接して忘れられない感銘を受けた高木貞治先生から、この体系の微分積分学の講義を聞くことができましたが、当時見ることのできた確率論の論文や著書は、このような現代数学の立場で書かれていませんでした。微分積分学に比べて十九世紀的叙述だったのです。

確率論の基礎概念である確率変数をいかに定義すべきかについて思い悩んでいるうちに、ロシアの数学者コルモゴロフ(A. N. Kolmogorov)の本を読んだのは、大学を卒業して内閣統計局に就職したばかりの頃でした。これこそ自分の求めるものとの思いで一気に読み通しました。それはコルモゴロフが一九三三年にドイツ語で書いた"*Grundbegriffe der Wahrscheinlichkeitsrechnung*"(『確率論の基礎概念』)という本ですが、確率変数を確率空間上の関数として定義し、測度論の言葉で確率論を体系化しようという試みです。この立場に立ったとき、今まで朦朧《もうろう》としていたものが霧が晴れるように明らかになり、これで確率論が現代数学の一分野といえると確信したのです。

こうして私の中で確率論の基礎は固まったのですが、次はその内容にも問題がありました。当時の研究の大部分は、統計法則の数学的解明を念頭において、独立確率変数列の行動を調べるというものでした。微分積分学でいえば、級数論に相当する部分です。もちろんそれよりは難しく、また内容も豊かではありましたが、数学の他の分野に較べると貧弱に思われ、この研究に打ち込むという気が起こりませんでした。

「1942年」と記された二つの論文

確率論の内容に改めて直観的な興味を覚えたのは、フランスの数学者ポール・レヴィ(Paul Lévy)が、一九三七年に発表した『独立確率変数の和の理論』(*Théorie de l'addition des variables aléatoires*)を読んだときです。これは、微分積分学の関数に対応する確率論的概念としての確率過程の研究において大きな一歩を踏み出したもので、私はここに新しい確率論の本質を見出し、そこに見える一筋の光の中を歩いて行こうと思ったのです。一九三八年の秋のことでした。

私は、レヴィの理論における確率過程の見本関数の中に、数学理論の名にふさわしい美しい構造を見出しただけでなく、ウィーナー過程、ポアソン過程、独立増分過程などの確率過程をここで学びました。そして特に、この本の核をなす独立増分過程の分解定理に興味をもちました。しかし、多くの開拓者の仕事がそうであるように、レヴィの記述は直観的な把握にもとづく部分が多く、その議論の展開を追うことが困難でした。幸い、アメリカの数学者ドゥブ(J. L. Doob)が一九三七年に発表した確率過程の論文で「正則化」(regularization)という概念に接し、これによって、あいまいな点を明確にできるのではないかと考えました。レヴィの議論をドゥブの視点から眺め、ポアソン彷徨測度を導入することによって、分解定理におけるレヴィの考え方を明快な記述に書きかえるという所期の目的を達することができました。これが現在、確率論の分野で「レヴィ-伊藤の定理」と呼ばれている定理に関わる私の最初の論文で、それは一九四一年八月一日に受理され、一九四二年の *Japanese Journal of Mathematics* に発表された私の博士論文でもあります。私がそれによって東京帝国大学から博士号を授与されたのは、四年あまりも後の一九四五年十月三日、終戦後初めての秋の日差しが一面の焼け跡に落ちている日でした。

確率論は当時ポピュラーな分野ではありませんでしたし、時代は、誰もが「あの不幸な時代」と呼ぶ戦時中でした。そして、一九四二年に私が第二の論文「マルコフ過程を定める微分方程式」を発表したのは、若い数学者たちがアイデアを交換し合うのを助けるために、大阪大学が発行していた『全国紙上数学談話会誌』という謄写版刷りのジャーナルでした。謄写版という言葉を懐かしく思われる方がおられることを期待しつつ、お話ししますと、私のこの論文を第二次世界大戦で徴兵された兵舎で読んだことを、その人自身から告げられたのは、終戦後のことでした。その人、丸山儀四郎さんと私の二人だけが、当時の日本で、この問題に興味を持つ確率論研究者だったのでしょう。丸山さんは一九四二年に兵舎で読んだ私の論文をもとに、独自の考えを加えて発展させた論文を、一九五五年にイタリアのパレルモ大学の紀要で発表され、この論文のことを丸山さんから聞いて興味をもっていた私はプリンストンでそれを読んで、大いに啓発されたのです。

一九四二年と記された上の二つの論文を発表したとき、内閣統計局に勤めていたことは、先ほどお話ししましたが、今でいえば新卒の公務員だった私が、どうやって自分の研究の時間をつくっていたのかと思われることでしょう。実は「お役所」の仕事は何もしていなかったかも知れません。当時の統計局長が、「あなたのご専門は大きい意味で、統計局の仕事につながりがあるといえますから、時間はすべて自由な研究にお使いくださ い」と言ってくださったのに甘えて、自分の世界に没入していたのです。どこの大学にも研究所にも属さず、無名の研究者だった私に自由な時間をくださった内閣統計局長川島孝彦氏は、秋篠宮妃殿下になられた川島紀子さんの御祖父にあたられる方です。

私はこの理論を発展させ、数年後に「確率微分方程式」に関する論文を書き上げましたが、終戦後の日本の経済状態はまだ困窮の中にあり、出版用の紙の不足が甚だしく、そんな長い論文を載せてくれるジャーナルはどこにもないことが判りました。そこで、ドゥブ教授にこの論文を送り、アメリカで発表する可能性について問い合せました。それは、ドゥブ教授の親切な取り計らいによって、アメリカ数学会のメモワール・シリーズの一冊として一九五一年に刊行されました。

この確率微分方程式は、後に「伊藤解析」と呼ばれるようになり、数学以外の分野でも物理学、工学、生物学、経済学等の諸分野において、瞬間ごとに偶然的要素が介入する現象を記述する微分方程式として、現在広く用いられていますが、それは、発展現象を記述するにあたり、時間の経過とともに累加される新たな偶然量が、ブラウン運動の増分として登場するところに通常の微分方程式と異なった特徴があって、「ゆらぎ」のような偶然量を伴う生物学的現象の記述や、「ノイズ」の介在する工学的現象の解析などに具体的な応用が見出されるようになったからです。

『数学辞典』編集の頃

私が、一九四三年に名古屋大学で教職を得て、一九五二年に京都大学に移るまでの時代は戦中戦後の暗い時代でしたが、吉田耕作先生と共に仕事ができたのは大変幸せでした。吉田先生は数年前亡くなられましたが、私は吉田耕作先生を「先生」としか、お呼びできないのですが、私の論文の中では何回も「吉田の半群理論」とか「ヒレ - 吉田の理論」とかいう言葉を使っています。吉田先生は、私にとって、数学の世界の中でも外でも、本当に大きい存在でしたが、それがどのようにかということは、短い時間では到底申し上げられません。

吉田先生だけでなく、私が確率論と歩いた六十年の歳月の中で、どのような方々と、どのように出会い、私がそこで何を学び、どう発展させたか、またそれはその後、どのように多くの研究者によって、新たな展開を見せたかの概略を、ここでお話しするつもりでしたが、それは私の論文を読もうとする人以外は、あまり興味が持てないことだと思います。ご存じの方は、聞く前からご存じのことばかりで、初めてお聞きになる方には、何の意味もお伝えできないと思うのです。

私はむしろ岩波の『数学辞典』のことを、お話ししたいと思います。この辞典は一九五四年の第一版と一九六〇年のその増補版、および一九六八年の第二版全面改訂版の編集責任は、私の恩師の彌永昌吉先生がとられ、一九八五年の第三版の編集責任は、私が担わせていただきました。第三版の序文に書きましたように、第二版はアメリカのMIT Pressから英訳版が刊行され、国際的にも名著として定評を得た数学辞典でしたが、十七年の間に数学は著しく進歩し、数学諸分野相互の関連がますます深まり、有機的総合体としての数学が形成されつつありました。また、数学に関連する諸科学においても、高度の数学理論が用いられ、科学の基礎としての数学への期待が高まっていましたので、そのような状況に対応するため、さらに改訂を加えて第三版が編集されることになったのです。この第三版も、完成を待ち構えていたように英訳版が準備され、同じMIT Pressから発刊されました。

私が確率論と共に歩き始めた六十年前、数学の論文の多くは、ドイツ語、フランス語、ロシア語、そして英語で、書かれていました。私が一九四二年に発表した二つの論文は、戦時中ということもあって日本語で書きましたが、後の六十余りの論文は、全て英語で書いたものです。最初の二つの論文も、戦後になって英語に書き直しましたから、今では英語の論文ばかりになっています。世界の各地で行われる学会の用語も、発表される論文も、すべて英語になってきており、これは数学以外の分野についてもいえることだと思います。こうした科学の世界において、誰もが信頼できる数学辞典が、先ず日本語で編集され、それが英語に翻訳されるのを世界中の科学者が待っているということについては、日本の数学全体のレベルの高さを示す指標として、執筆と編集に携わった数学者の一人として誇りに思っています。ここで、日本語版、英語版、双方の編集・執筆・校正・索引資料等において御協力を得た方々が、いずれも、ご自身の専門分野の業績において、この数学辞典の多くの頁を飾っておられる方々であるということが、この辞典の比類ない声価の源となっていることを申し添えて、企画以来終始惜しみない協力をしてくださった方々への感謝の言葉としたいと思います。

また、余談になりますが、日本語は、目で読むのには効率のいい言語ですが、話し言葉としては、同音異義語の多さや論理関係のあいまいさを補う説明が必要です。数学者どうしは黒板や紙に書きながら話すのが好きな上に、数式は万国共通ですから、一般の場合よりはマシですが、大学の数学科に入ったばかりの学生と講義をする先生との間には、かなりのコンセプション・ギャップがありますし、プリンストン高等研究所などの偉い先生の中には、論文を書くような態度で講義をされる方がありります。一九九四年度の京都賞の受賞者であるアンドレ・ヴェイユ先生もそのお一人でした。

ヴェイユ先生は、黒板いっぱいに書いて話されたあと、ああ、これは間違っていたと、すっかり消してしまい、廊下に出て考え直されてから、また戻って講義されるのです。既成の方法によらず、全く独創的に考えながら話される訳ですから、それは、やはり名講義というべきで、聞く方も数学者ですから感動します。感動しますが、一度講義を聞いただけで完全に理解できる訳ではありません。家に帰ってノートを見ると、そこから微かに美しい音楽が聞こえる気がするのですが、いつのまにか何も聞こえなくなってしまうところもあって、非常に情けない気持になります。そんな時に、この数学辞典があれば、美しいソナタが再現できると思います。この辞典の編集は、私が池の水や空の雲を眺めて過ごす時間の中で得た直観を、数学的論理として展開しようとする時、直観と論理のバランスをとる指標となった先人達の仕事を、後進に伝える意味でも、本当にやりがいのある仕事でした。

「金融の世界」への不安

近年、私の数学の論文という「楽譜」から、私の予想しなかった響きを聞き取って、新しい発想を加え、あるいは独自の展開と飛躍による作曲や演奏をされる研究者が増えてきました。それは、抽象的な数学の世界と現実の世界との間に見事な橋を架ける新しい「楽譜」に違いありません。そのような「楽譜」が相次いで発刊されたことは、私の望外の喜びでした。しかし、それも、すべてが有機的につながっている「科学の世界」の「楽譜」である限りにおいてであって、私が想像もしなかった「金融の世界」においてて「伊藤理論が使われることが常識化した」という報せを受けたときには、喜びより、むしろ大きな不安に捉えられました。その報せは、最初は一九九七年の秋、アメリカの友人たちから、次には、同年の暮に私を訪れた東京のテレビ・チームからもたらされました。アメリカからの手紙の内容は思いがけないものでした。

数学科の優秀な学生の進路がすっかり変わってしまいました。我々の時代には数学者のタマゴは、大抵、数学者になりましたが、今では、彼らは、経済戦争の勇敢な戦士になるのです。アメリカ軍の戦士は「伊藤理論」というレーダーで照準を合わせて砲弾を発射しているのに、日本軍の戦士はブルーベリーを食べて夜間視力を増強し、経験とカンと精神力で応戦しています。数年前まであれほど優勢を誇った日本軍も、いまや劣勢いかんともし難く、敗走に次ぐ敗走を重ねています。我々は、貴兄をはじめ多くの日本人数学者を友人とするアメリカ人数学者として、非常に複雑な心境です。おそらく日本軍は壊滅する前に「伊藤理論というレーダー」の存在に気付き、たちまち有効な反撃を開始するでしょう。そうなると、戦局は拡大する一方です。(さらに、かつてアジアばかりか世界に翼を伸ばして成長著しかった四頭のドラゴンが故郷へ撤退していく様子を語ってくれた手紙もありましたが、省略します。彼らの手紙の最後は次のようなものでした。)

幸か不幸か、「伊藤理論」はレーダーであって、原子爆弾ではありませんから、一発で戦争を終わらせる力がないことは確かですが、そうなると、どのような形でこの戦争を終わらせ、その後にどのような戦後が来るのか、今は誰にも判らないのです。

手紙を読んだ私は、思いもよらない内容に茫然としました。私はこれまでの人生において、株やデリバティヴはおろか、銀行預金も、定期預金は面倒なので、普通預金しか利用したことがない「非金融国民」なのです。妻によれば、我が家の財政は、定期預金と普通預金の利息に差があったときには、預金残高が殆どなく、預金残高に少しは余裕の出てきた昨今は、どちらに預けても利息は無いも同然とのことですから、あれこれ心を遣わなかったのは賢明だったと思っています。とりあえず、友人に返事を書いて、彼の間違いを指摘してやりました。「私が数学者のタマゴから雛鳥になりかけていた頃、日本軍の戦士が夜間視力の向上のために食べていたのは、ヤツメウナギであって、ブルーベリーなどという英米語食品ではありません」とまで書いたとき、彼のトールキンのファンタジーさながらの迫力ある報告に比べて、私の指摘の貧弱さに愕然としました。私は、彼の報告に対するコメントは諦めて、近ごろの日本の学生のことを書くことにしました。

日本でも、我々の時代の数学者のタマゴは、みんな数学者になりました。私の大学の同級生も全員が数学者になり、「岩波の数学辞典」の頁を飾っています。しかし現代の日本では、数学がよくできる高校生は、数学者のタマゴにすらなりません。実際、「数学オリンピック」などで金メダルを取るような高校生は、数学科には来ないで、医学部へ行くようです。私は、「これを能くする者は、これを好む者に如かず。これを好む者は、これを楽しむ者に如かず」とつぶやいては、「与えられた問題を早く解く能力があるだけでは、よい研究者になれません。自分で問題を見つけて、自分のやり方で考えるのが好きな学生が、たとえ何年も成果があがらなくても、自分の問題を考えること自体が楽しいというような仕事をしてほしいものです」などと、解説を加えています。「数学オリンピック」のメダリストたちは頭が良すぎるので、一つの問題を三十分以上は考えられないのでしょう。

一方、私は、「伊藤理論が常識化している金融の現場」というのを一度も見たことがありませんが、それは無数のコンピュータが伝える情報を前にして瞬時の判断を要求される戦場で、三十分どころか、時には三分、時には三秒でも遅れをとれば、億とか兆とか、いわゆる天文学的数字の利益を得たり、損失を蒙ったりするのだそうです。「伊藤理論によるシミュレーション」など、参考にしているヒマはなさそうですが、理論がすっかり頭に入っているだけでなく、頭と手と指先を同時に働かせる能力をもった若者を大量に動員して、全員必死で戦っているのでしょう。このような戦場で一夜にして巨万の財貨を得たり失ったりしている若者たちの姿を想像して、私は子供のころ愛読した芥川龍之介の『杜子春』を思い出しました。

かつて私にも誰よりも速く問題を解いた少年の時代がありました。半ば神話に埋もれた故郷の町で「数学者のタマゴ」と目されていた私が、数学者という「詩人」の道を歩み続けていなかったら、あるいは一九四二年の二つの論文を武器に、戦後のブラック・マーケットのシミュレーションを工夫し、時には一夜にして巨万の富を築き、時には空腹を抱えて洛陽の門に佇む「昭和の杜子春」となっていたかも知れません。

私は、如何なる時代の、如何なる名のもとに行われる戦争にも反対したいと思っておりますが、ここで「経済戦争」にも反対したいことを付け加えたいと思います。といっても、経済の何たるかが解りませんので、ホモ・ロクエンスの友である広辞苑で「経済」の項を読んでみました。①国を治めて人民を救うこと。②人間の共同生活の基礎をなす物質的財貨の生産・分配・消費の行為・過程、並びにそれを通じて形成される人と人との社会関係の総体。と書いてあります。「経済」の意味がこのように総合的なものである以上、「経済」の一部である「金融」から、更に派生したに過ぎない商品や、そのディーラーの名のもとに行われる戦争を一刻も早く終わらせて、有為の若者たちを故郷の数学教室に帰していただきたいと思うのは妄想でしょうか。たとえ彼らが志願兵であったとしても、あの杜子春でさえ、桃の花咲く田園に帰っていったのですから。

人はみな、絶え間ない偶然に支配されつつ、時間の中を歩んでいますが、その歩み方の拠り所となるのは、その人自身の価値観です。数学の論文を読んだり書いたりしている数学者は、いわば、そこで楽しく遊んでいる訳ですから、ホモ・ロクエンスであると同時にホモ・ルーデンスであり、文学者や音楽家も本質は同じだと思います。画家や彫刻家や建築家などの表現芸術家も、ホモ・ファーベルであると同時にホモ・ルーデンスでもあることは明らかです。

近世以後「遊ぶ」ことにも人間の本質が見出されたといっても、数学者も芸術家も、周りに衣食住の心配をしてくれる人がいなければ、ホモ・ルーデンスとして自分の「詩」を楽しんで生きることはできなかったでしょう。無心に遊ぶ子供たちのような彼らを、見守り育ててきたのは、「道具」だけでなく、生活に必要なあらゆる物やサービスを、自らの手で作り出してきたホモ・ファーベルたちでした。歴史上いずれの時代にも人間社会に役立つ資財とサービスを提供してこられた多数のホモ・ファーベルの方々と、六十年以上に亘って私の最も身近なホモ・ファーベルであった妻に感謝を捧げたいと思います。

ホモ・ルーデンスとして

私が確率論と歩いたのは、六十年という時間でしたが、同時に、確率過程(stochastic process)というプロセスであり、見本路(sample path)という道でもありました。私が一九五四年にプリンストンで出会ったマッキーン(H. P. McKean)との十年に及ぶ共同研究をまとめて、一九六五年にドイツのシュプリンガーから出版した本のタイトルは、“*Diffusion Processes and Their Sample Paths*”というものでした。その間に二人とも日本とアメリカの大学を往復して講義をし、他の問題とも取り組んでいるのですが、とにかく二人で十年間、同じ問題を考えていたのです。しかもその間、一度も十年の時間を意識したことがありませんでした。仕事が終わったと感じたとき、気がついたら十年が経っていたのです。

日常のことでは無頓着か性急な慌て者かの、どちらかである私が、自分の研究においては持久力のある歩み方をすることができたのは、私にそのような環境を用意してくださった多くの方々のお蔭であることはいうまでもありませんが、もう一つ付け加えれば、父の影響があるかもしれません。父は歴史と漢文の教師でしたが、師範学校時代には運動は万能選手の観ありといわれ、中でも水泳は「観海流」の達人でした。観海流はスピードは出ませんが、遠泳に適した古式泳法で、十時間から十二時間かけて二十キロを、二十四時間かけて四十キロを泳ぎきるのです。私の卒業した旧制神戸《かんべ》中学には、父のほか数人の観海流の達人がおられ、その指導を受けた卒業生は全員五キロ以上泳げるようになっています。

それは、たぶん古き良き時代のホモ・ルーデンスの道だったのでしょう。仕事の能率や仕事のスピードが、これほどまでに要求される時代にあって、自分の仕事を楽しみ、自分の仕事に遊んで生きることは困難かもしれません。八十六年前に漱石の三四郎を脅かし、六十年前に私を脅かした、東京の、そして世界の時間の進行はますますスピードを上げつつあるのですから、ホモ・ルーデンスを自認する「詩人」の生きる場所は、やはり未来の森の中にしか見出せないのかもしれません。「たぶん、そうかもしれない」。そうつぶやくと、それが「確率」だといまさらのように思いました。めまぐるしい日常の中で明日の天気を予想し、人の心を忖度し、本当のところは判らないけれど「そうかもしれない」と思って、待ち続けたり、諦めたりして生きていくのです。

日常の確率の世界はセンチメンタルですが、数学としての確率論は違います。確率論の歴史は十七世紀のパスカルとフェルマーの往復書簡に始まり、以後、数学的にも哲学的にも多彩な論争を経て、現代の数学者の主たる関心は、確率の直観的意味や実際的意味にあるのではなくて、確率を支配する論理法則にあります。

時間と空間の森の小道を彷徨いつつ、六十年を確率論と歩いてきた私は、この原稿を書きながら、頭の中でもう一度、同じ道を歩きました。現実には歩くことができなくても、頭の中で歩くことができて幸せでした。私は文字通り「考える葦」になったのです。

――ご静聴ありがとうございました。

（一九九八・一一）

この記事は、第十四回京都賞受賞記念講演会の代読原稿です。講演会は一九九八年十一月十一日に国立京都国際会館で行われましたが、伊藤先生は体調を崩されて、前日の授賞式のみの出席となり、講演は代読で行われました。

確率解析の研究を振り返って

二〇〇五年度アーベル記念シンポジウムが「確率解析とその応用」をテーマに、私の仕事とその発展を顕彰して開催されることを知り、この上なく光栄に存じます。シンポジウムの成功のために弛みない努力を尽くされた組織委員の方々に感謝いたしますとともに、私の研究を振り返るこの小文が出席者の皆様の興味を多少でも惹くものであることを願っております。

一九四二年に出版された私の博士論文[1]は、増分が独立で時間が連続な確率過程の道の分解に関するもので、それは今ではレヴィ過程のレヴィ‐伊藤分解と呼ばれています。一九四二(昭和十七)年の『全国紙上数学談話会誌』(謄写版印刷)に日本語で発表した論文[2]と、一九五一年にアメリカ数学会のメモワール・シリーズの一冊として刊行されたその拡張版[3]において、私はレヴィによる確率過程の見方とコルモゴロフによるマルコフ過程への接近方法とを統一することにより、確率微分方程式とそれに関連する確率解析の理論を創出することに成功しました。

これらの仕事の背後にある私の考えは、レヴィ過程をマルコフ過程の、いわば接線として捉えることにありましたが、最近(二〇〇三年)出版されたダニエル・ストゥルークの著書[11]の中で、これが見事に説明されています。また、上述の三論文は、ストゥルークとヴァラダンによって編集された私の論文集[8]にも収録されており、同書の編集者による序文と私自身による前文において、この理論が形成され発展していく状況のやや詳しい説明が与えられています。

一九五四年から一九五六年まで、私は高等研究所の特別研究員としてプリンストン大学に滞在しました。高等研究所所属の教授の中には、ともに偉大な数学者であるサロモン・ボッホナーとウィリアム・フェラーがいました。その前年、私は勤務先の京都大学において定常超過程に関する論文[4]を書き、その中でローラン・シュヴァルツによるボッホナーの定理の拡張、すなわち正定値超関数の緩増加測度を用いた表現を使っていました。実はこの拡張が本質的にはすでにボッホナーによって別の方法で得られていることを、私はプリンストンで教授自身から教えられたのでした。

フェラーは最も一般な一次元拡散過程に関する諸研究、特にその局所生成作用素を標準尺度関数 s とスピード測度 m によって

$$\mathscr{G} = \frac{d}{dm}\frac{d}{ds}$$

と表現する仕事を終えていました。私は、当時フェラーの大学院学生であったヘンリー・マッキーンの話からこれらの仕事を知り、代わって私はマッキーンに私のそれまでの仕事について説明したものです。

あるとき、マッキーンはフェラーに私の確率微分方程式の仕事を上述の接線のアイデアに沿って説明しようと試みました。フェラーがその重要性について十分に理解したようには私には思えませんでしたけれども、私がフェラーにレヴィによる局所時間の概念を説明した折には、彼はその概念が一次元拡散過程の研究に重要な関連を持つことを直ちに理解したのでした。

実際フェラーはその後に私たちに次の予想を与えました。弾性壁境界条件に従う$[0, \infty)$上のブラウン運動は、反射壁ブラウン運動の道を、その原点における局所時間$t(t, 0)$がそれと独立で指数分布に従うランダムな時刻を越えるときに、消滅させることによって得られる。この予想は一九六三年に『イリノイ大学数学ジャーナル』に発表された私とマッキーンの共著論文[9]の中で、肯定的に解決されました。

私がプリンストンから京都に帰った後、マッキーンは一九五七年からその翌年にかけて京都に滞在し、以後一九六五年に私との共著本[10]がシュプリンガー社から出版されるまで、私たちの緊密な共同研究が続きました。それはちょうどディンキンとハントが強マルコフ過程の一般論を、それと深く結びついた加法的汎関数による変換論および付随する確率論的ポテンシャル論と合わせて定式化した時期と重なります。

京都の確率論セミナーは日本の若手確率論研究者の多くを惹きつけました。私の大学院学生の中には渡辺信三、国田寛、福島正俊がいました。私自身を含むセミナー出席者のおもな関心事は、一次元拡散過程の研究成果を十分に咀嚼し、より一般のマルコフ過程の研究への有意義な拡張を目指すことにありました。このわくわくするようなセミナーの雰囲気の中から生まれた多くの発展は、それぞれ性格の異なるものでしたが、そのいくつかについて述べてみましょう。

フェラーの有名な「たとえ話」があります。「一次元拡散」旅行者X_tは、その生成作用素$\mathcal{G}$に現われる尺度関数sの示すロードマップに従って、測度mの示すスピードで旅をする。この「たとえ話」は、私とマッキーンとの共著本の中で、以下のように具体化されました。

X_tを一次元標準ブラウン運動(それは$ds=dx$, $dm=2dx$の場合に相当します)、その

$x\in(-\infty,\infty)$ における局所時間を $\mathfrak{t}(t,x)$ とし、次式で定義される加法的汎関数 A_t を考えましょう。

$$A_t=\int_{-\infty}^{\infty}\mathfrak{t}(t,x)m(dx).$$

そうすると、X_t を A_t の t についての逆関数 τ_t によって時間変更して得られる確率過程 X_{τ_t} が、生成作用素 $\frac{d^2}{dmdx}$ に従う拡散過程に法則的に等しいことがわかります。

さて一次元拡散過程の推移関数はスピード測度 m に関して対称であり、対応するディリクレ形式

$$\mathscr{E}(u,v)=-\int_{R^1}u\cdot\mathscr{G}v(x)dm(x)=\int_{R^1}\frac{du}{ds}\frac{dv}{ds}ds$$

は、対称化測度 m から分離されて尺度 s のみによって表示されます。この観察により、一般に0-次のディリクレ形式 $\mathscr{E}$ は対応するマルコフ過程 X_t のロードマップを指し示すものであり、X_t を加法的汎関数によって時間変更することに相当する対称化測度 m の変更に関しては、それは不変であると予想したくなります。ディリクレ形式は、一九五九

年にブーリンとデニーによって公理論的ポテンシャル論の関数空間論的枠組みとして導入された概念です。その理論ではすでに、形式のブーリン‐デニー表示によってロードマップが解析的には明示されていたわけですが、対称化測度 m の果たす役割は不明でした。上述の予想は、一次元拡散過程の道の描像に導かれて、福島正俊や他の研究者たちによって後に肯定的に解決されました(一九九四年出版の福島、竹田、大島らの著書参照)[12]。

一九六五年に本尾実と渡辺信三は共著論文[13]で、ハントのマルコフ過程における二乗可積分でマルチンゲールである加法的汎関数の全体の作る空間を考察し、その構造の深い解析を行いました。一方、同じ頃にメイエーによって、劣マルチンゲールのドゥブ‐メイエー分解定理が完成していました。この二つの仕事は、一九六七年に『名古屋大学数学ジャーナル』に発表された国田寛と渡辺信三の共著論文[14]と、同年にストラスブール・セミナーノートに発表されたメイエーの一連の論文[15]において合流し、確率積分が一般の半マルチンゲールに対して定義され、私が一九四二年と一九五一年に創出した確率解析が新しい一般的な枠組みの下で復活しました。それ以来、私自身も含めて多くの研究者たちが確率解析と確率微分方程式に対して、より大きな関心を払うようになったのです。

私は上述の一九六三年のマッキーンとの共著論文[9]において、半直線 [0, 8) 上の拡散過程でその内部においてブラウン運動と同じ運動をするもの(このような拡散過程全体を記述、決定する境界条件についてはすでにフェラーが解析的方法で、ある制限のもとではありますが、求めていました)を、確率論的方法で記述構成しました。私たちの方法には、局所時間や道の原点からの excursion についてのレヴィによる確率論的なアイデアが含まれていました。一九七〇年に『第六回バークレイ・シンポジウム論文集』に載った論文[7]で、私はこのアイデアを徹底して、特別な一点 a がそれ自身に関して正則であるような一般の標準マルコフ過程 X_t に適用しました。私は X_t に、点 a のまわりの excursions 全体の成す空間 U に値を取るポアソン点過程を対応させ、後者の特性測度(U 上の σ-有限な測度)と X_t を a への到達時刻でストップしたものとが、元の X_t の法則を一意的に定めることを示しました。この接近方法は、私が一九四二年に研究したレヴィ過程の分解定理の一部分の無限次元類似と見なされるものであり、マルコフ過程の研究の新しい局面を切り開いたと言えましょう。

一次元拡散過程の理論は、マルコフ過程の基本的な原型として、今でもその重要性を失いません。マッキーンとの共著本[10]の他にも、私は一九六〇年のインド・ボンベイのタタ研究所での講義録[6]の六節において、一般化された二階微分作用素としてのフェラー生成作用素の包括的な解説を行っています。

一九五七年に出版された私の著書[5]『確率過程』のⅡ部ではフェラー生成作用素の記述

に加えて、付随する同次方程式

$$(\lambda - \mathcal{G})u = 0, \quad \lambda > 0$$

の解の境界付近での挙動の詳しい解析的記述とその確率論的な意味付けがなされています。私は文献(5)の原著をその出版時一九五七年にエフゲニー・ディンキンに送りましたが、それがアレクサンドル・ヴェンツェルによって露訳され、一九六〇年にⅠ部が、一九六三年にⅡ部がモスクワで出版されたことを知ったのは、随分後のことでした。一方、一九五九年にはエール大学の角谷静夫が、私の一次元拡散過程の記述の重要性に注目し、当時彼の大学院学生であった伊藤雄二にⅡ部の英訳を勧め、それはその後にタイプライター原稿の謄写版印刷の形でエール大学周辺の数学者たちに配布されました。そして半世紀を経た現在、伊藤雄二による本書[5]の完全な英訳が、'*Essentials of Stochastic Processes*' というタイトルでアメリカ数学会(AMS)から刊行される準備が進んでいると聞き、大変に嬉しく思っております。

最後に、私の九十歳の誕生日を記念して、確率解析に関するシンポジウムを開催してくださった組織委員の方々と、この分野の新しい発展を担って研究発表をされる参加者の皆様に、心から感謝申し上げたいと思います。私は、私の回想をここに発表する機会をいただいたことに改めて深く感謝いたしますとともに、このシンポジウムに発表されたすべての論文を拝見させていただくことを何よりの楽しみにいたしております。

文献

(1) K. Itô: On stochastic processes (infinitely divisible laws of probability) (Doctoral thesis), *Japan. Journ. Math.*, **XVIII**, 261-301 (1942)

(2) K. Itô: Markoff過程ヲ定メル微分方程式、全国紙上数学談話会誌 No. 1077, pp. 1352-1440, 昭和17年、(英訳) Differential equations determining a Markoff process, *Kiyosi Itô Selected Papers*, pp. 42-75, Springer-Verlag (1986)

(3) K. Itô: On stochastic differential equations, *Mem. Amer. Math. Soc.*, **4**, 1-51 (1951)

(4) K. Itô: Stationary random distributions, *Mem. Coll. Science. Univ. Kyoto, Ser. A*, **28**, 209-223 (1953)

(5) 伊藤清：確率過程Ⅰ、Ⅱ、岩波講座現代応用数学A・13・Ⅰ、A・13・Ⅱ、岩波書店(一九五七、単行本は二〇〇七)、Essentials of Stochastic Processes と題して、二〇〇七年に、アメリカ数学会から刊行。

(6) K. Itô: *Lectures on Stochastic Processes*, Tata Institute of Fundamental Research, Bombay (1960)

(7) K. Itô: Poisson point processes attached to Markov processes, in: *Proc. Sixth Berkeley*

Symp. Math. Statist. Prob., **III**, 225–239 (1970)

(8) *Kiyosi Itô Selected Papers*, edited by D. W. Stroock and S. R. S. Varadhan, Springer-Verlag (1986)

(9) K. Itô and H. P. McKean, Jr.: Brownian motions on a half line, *Illinois Journ. Math.*, **7**, 181–231 (1963)

(10) K. Itô and H. P. McKean, Jr.: *Diffusion Processes and Their Sample Paths*, Springer-Verlag (1965); in Classics in Mathematics, Springer-Verlag (1996)

(11) D. Stroock: *Markov Processes from K. Ito's Perspective*, Princeton University Press (2003)

(12) M. Fukushima, Y. Oshima and M. Takeda: *Dirichlet Forms and Symmetric Markov Processes*, Walter de Gruyter (1994)

(13) M. Motoo and S. Watanabe: On a class of additive functionals of Markov processes, *J. Math. Kyoto Univ.*, **4**, 429–469 (1965)

(14) H. Kunita and S. Watanabe: On square integrable martingales, *Nagoya Math. J.*, **30**, 209–245 (1967)

(15) P. A. Meyer: Intégrales stochastiques (4 exposés), *in: Séminaire de Probabilités I*, Lecuture Notes in Math., **39**, Springer-Verlag, 72–162 (1967)

［注］　本稿(原文英語)は二〇〇五年七月二十九日から八月四日までオスロ大学で開かれたThe 2005 Abel Symposium, Stochastic Analysis and Applications — A Symposium in Honor of Kiyosi Itô's 90th Birthday の開会式で読み上げられたもので、Springer-Verlag 社から出版された Proceedings に掲載。

（二〇〇六・四）

Ⅵ 思い出

秋月先生の思い出

秋月先生の御招きを受けて、昭和二十七(一九五二)年に京都大学に勤め始めてから、昨年(一九八四)先生が永眠せられるまで、三十年余にわたって、先生には格別御世話になった。その御好意に感謝しながら、特別印象に残ったことを書いてみよう。

着任早々気づいたのは、先生がその専門の代数学のみならず、数学の全分野に目を向けて居られることであった。先生にはしばしば御馳走になったが、そのとき必ず、先生の数学観を伺った。私にも「確率のみならず、京大の解析全般に亘って考えてほしい」といつもいわれた。私自身同じ夢を懐いていて、関数解析的方法を自分の研究に用いていたので、このように期待されるのは嬉しかった。しかし解析全般となると、微分方程式、複素関数については、入口の所しか知らなかったから、勉強しなければならないと痛感したが、いうは易く、行うは難く、いつも焦立っているだけで、思うようには進まなかった。

先生は代数が専門であったが、次の時代の発展方向が代数幾何にあると見透して、周囲に、その方面の若い人を集めて、叱咤激励して居られた。そのグループから、永田雅宜、松村英之、広中平祐の諸君を始め、多数の逸材が輩出したのは宜《むべ》なるかなである。

先生は若い人を鼓舞されるばかりでなく、自分もこの新しい分野の研究を進められ、さらに進んで、小平－ドラムの理論を解説した調和積分論を書かれるという熱心さであった。相当の年配になっても、昔とった杵づかで仕事を続けることはさほど困難ではないが、新しい分野に進出して行くことは至難の業である。

先生は自ら先頭にたって、京大数学教室の刷新を図られた。戦後の急速な発展の波に乗って、講座倍増、不完全講座の完全化の気運がでてきた時期であったから、丁度よい機会であった。先生は自己の数学観に基づいて、代数、幾何、解析すべての分野の人事に積極的な発言をされた。若い人を評価するのに、論文の数や内容にはあまり拘泥しないで、どういう発想で、どういう深い、難しい問題にとり組んでいるかという点に注目された。アダマールとかエリー・カルタンとかポール・レヴィのような天才的な数学者の仕事にうちこんでいるから、採用しようという風であった。この一見乱暴なやり方が案外正鵠を得ていて、後になって、私も先生の先見の明に感心したことがあった。

数学科の定員が殆ど固定してしまい、オーバードクターの問題も生じてきた今では、各分野の先生が自分の周囲に煩らわされ、数学全体の見地から発言すれば、現実を無視した誇大妄想とさえもとられかねない。思えば京大時代は、先生にとって実によき時代であった。

先生は筆まめで、よく手紙を下さった。それが実に達筆で、内容はすこぶるロマンチックであった。最後には必ず自作の短歌がついていて、明治の教養人を彷彿させるものがあった。先生の数学観の奥には十九世紀のロマンチシズムが潜んでいたような気がする。

秋月先生の酒好きは有名であった。私がデンマークのオルフス大学にいた頃のことである。モスクワのコングレス(国際数学者会議)の帰路、先生と吉田耕作先生、河田敬義君が大学に立ち寄られた。この三人がパーティーに招待され、吉田先生と河田君は出席されたが、秋月先生は、「歯が悪くて噛めないから、伊藤君のパーティーに招待してほしい」と冗談のようにいわれたので、家にきて頂いた。先生はキャビアを舐めながら、ウィスキーばかり飲んで居られ、これで栄養をとっているといわれた。吉田先生や河田君もパーティーを早々にきりあげて、拙宅に来られた。皆でウィスキーを飲みかわしながら、談論風発した。まず秋月先生が短歌を書いて示されると、吉田先生も河田君もそれぞれ一首をつけ加えられた。いずれも外国旅行に関するものであった。秋月先生は更につづいて、今まで作ったものを幾首も披露され、そのときの情景を説明された。私には詩才がないので、羨ましく思った。酒を酌み交すといっても、河田君は殆ど嗜まず、吉田先生と私とが、適当に御相手している中《うち》に、秋月先生だけが独り飲み続けられ、ジョニーウォーカー一本も空になり、三人がホテルに帰られたのは夜半すぎであった。異国で同胞が集って酒を飲むのもまた楽しいものである。

秋月先生について、思い出すのは谷口シンポジウムである。谷口豊三郎氏は秋月先生の三高時代のクラスメートで、お二人は互いに刎頸《ふんけい》の友という親しい間柄であった。戦後の動乱期もすぎて、建設的な機運が出始めた頃、若い優れた数学者が続々と現われた。しかし当時はまだ大学の研究費も少なく、現在のように簡単に国内シンポジウムを催すことはできなかった。まして国際シンポジウムを計画することは大変な仕事であった。秋月先生はこの若い数学者のエネルギーを一層高めようと考えられ、谷口氏に相談されて、谷口財団(正確には谷口工業奨励会四十五周年記念財団)から全面的な援助を得て、毎年一件(現在は二件)ずつ数学の課題を選んで、研究会を催すという企画をされた。初めは国内的なもので、たまたま訪日中の外国の数学者も参加するという程度であったが、その後国際研究会という形になり、秋月先生が熱心に計画、実施の世話をされた。最近は私と村上信吾さんがお手伝いをしてきた。

十年程前に、私も秋月先生から勧められるままに、確率論と解析に関する国際研究会を計画した。当時教室外に亘る研究会といえば、シンポジウムであった。これは公開で誰でも参加ができるが、会場も広く、討論をするという雰囲気ではない。数学会の大会で、総合講演や特別講演をきくのと同じようなものである。谷口氏が考えて居られた研究会は、一つの課題について専念している少人数が集まり、起居をともにして討論して、切瑳琢磨し、同時にそれが国際親善の契機となるというようなものである。

秋月先生はたとえ非公開にせよ、できる限り多くの若い人を参加させたいとの考えもあり、谷口氏と意見の違いもあった。丁度私の計画した確率論と解析の研究会について、谷口氏ははっきり不満をのべられ、秋月先生と私とを招いて、三人で話し合いたいといわれた。広中平祐君もそのとき丁度京都にいたので同席した。

谷口氏のお話を伺っている中《うち》に、氏の考えは、丁度その頃アメリカで始まっていたワークショップに近いものであることがわかった。数理解析研究所の共同利用計画の中の共同研究がこのタイプのものであろう。あとで広中君や村上さんと話し合って、谷口氏の考えはたしかに高邁な識見であるということになり、私もその精神にそって前記の計画を練り直すことにした。しかし折角外国から数人のすぐれた数学者を招待しながら、ワークショップの参加者数名だけが交流するのはいかにも残念であると考え、それにつづいてシンポジウムをすることにした。こうして谷口ワークショップ・シンポジウムという形にして、秋月先生を通じて谷口氏にお願いをし、先生のなみなみならぬ御努力によって、両方を含めて援助して頂けることになった。現在ではこの形が定着し、企画する人も慣れてきて、成果が益々あがってきた。その頃になって、秋月先生は健康がすぐれられず、谷口氏招待のパーティーにも欠席されがちになり、今後は先生の御姿を見ることはできない。本当に残念である。

秋月先生のことで思い出すのは、先生が煙草を吸うのに、ライターを用いず、いつもマッチを使って居られたことである。明治生れのせいか、最近の便利な道具をとり入れることは不得手であったようである。松村英之君が大学院学生の頃、先生の家に寄宿したことがあるが、ラジオにスイッチを入れても、何も聞えない。先生は、「ずっと前から壊れているのだから駄目だ」と仰有《おっしゃ》ったが、よく見るとプラグがはずれていた。松村君がさし込んだら、すぐ聞えてきて、先生は驚かれた。これはまた聞きの話であるから、真偽の程は松村君に確かめたいと思うが、先生の面目躍如たるものがあるので、本当の話と思いたい。

先生の趣味は釣りであった。私は釣りはしないが、釣りの随筆を読むのは大好きであったから、先生から鮎釣りの話をきくのは楽しかった。ある日、先生が早朝出かけて釣って来られた鮎を奥様とお嬢様が料理して下さって、松村君と一緒に御馳走になった。塩焼、刺身など見事な鮎料理で、釣りたての鮎はこんなに美味しいものかと感心した。先生は鮎はあまり召し上がらず、酒杯を重ねながら、鮎の友釣りの話をいかにも愉快そうに語って居られた。

先生の思い出は、いつも敬愛の情をこめて語られた岡潔先生のことなど、まだまだ沢山あって、書き出せば、きりがないが、与えられた紙数も尽きたので、この辺でとめておくことにする。

（一九八五）

近藤鉦太郎先生と数学

近藤鉦太郎先生は当時の旧制第八高等学校の先生の中でも卓越した先生で、また世智辛い現代には求めることのできない非凡なタイプの先生でした。先生から習った生徒は誰も強烈な印象を受け、先生の影響が一生心の奥に残った者も数多いと思います。きっとこの記念文集には、私が共感する思い出や、私が気づかなかった先生の側面もたくさん書かれることと思います。八高卒業後数学研究者の道を選んだ者として、ここには先生の数学の授業や数学のお話を中心に、いくつかの思い出を書きたいと思います。先生から習ったのは個々の数学的事項というよりは、数学の研究に対する態度です。それが先生の授業やお話の中ににじみ出ていました。

私が八高理乙(イ)に入学したのは昭和七(一九三二)年四月で、当時先生は四十歳くらいでした。理乙は理科系でドイツ語を第一外国語とし、その中《うち》(イ)は理学部、工学部に進むものの数人で、大部分は医学部に進む生徒(ロ)が占めていました。私は将来数学科に進みたかったし、またその頃はドイツの数学が世界をリードしていると聞かされていましたので、理乙を選んだのです。幸いにこの学年の数学は近藤先生が担当せられ、そのまま持ち上がって、三年間近藤先生から数学を教わるということになりました。

入学して間もなく、近藤先生の数学の授業の際に、プリントが一枚配られました。これは宿題というのではなく、こういうことを考えておくようにとのことでした。私はそれを見て驚きました。その中の二つについて述べてみたいと思います。

一つは「次の文章の論理の誤りを指摘せよ」というのでした。

（1）最少食者最飢者也、最飢者最多食者也、故最少食者最多食者也。

（2）お前は馬鹿だ。お前の馬鹿なことさえ知らないから。

数学というのは代数の計算を巧みにこなし、幾何の補助線を上手に引くことであるという程度の概念しか持ち合わせて居なかった私は、深く考えさせられました。

右の例は詭弁で正しい論理ではないわけですが、では詭弁と数学の論理とどこが違うのか、このことは、その後何度も思い出して考え、結局数学の論理は詭弁とすれすれの所まで行っていること、詭弁にならないためには、明確な定義から出発しなければならないということが、自分なりにわかってきました。

近藤先生の授業は数学的事項を教えるだけでなく、それを通じて、生徒自身に考えさせ、自分で本当に理解させるというやり方でした。教育は、英語でeducation、ドイツ語でErziehungで、いずれも原義は生徒が潜在的にもっているものを引き出すことであるとよくいわれますが、先生の教育はまさにその理想的典型でした。そういうことが、先生の講義を聞いてすぐわかったわけでなく、その後自分も数学を教える立場になって、しみじみ先生の偉大さがわかってきました。

プリントにあったもう一つの問題は、$\sqrt{2}$の定義を述べよというのです。$\sqrt{2}$は1.41421356…で、これを当時の受験数学では「ひとよひとよにひとみごろ」と暗記して事足れりとしていたわけですから、$\sqrt{2}$を定義せよと問われると困りました。$\sqrt{2}$は二乗すれば2になる数といえばよいのではないかと思いましたが、$\sqrt{2}$がわからないのに、それを二乗するとはどういうことかと反論されて、はたと困ってしまいました。

幸いにその夏休みに高木貞治先生の『新式算術講義』を読み、デデキントの截断による実数の定義を見て、おぼろげながら$\sqrt{2}$を正しく定義する方向を掴むことができました。

このプリントのお蔭で、数学は厳密な論理の上に立たなければならないことを痛感しました。

近藤先生の講義は程度が高すぎて難しいという評判でした。二年生の微分学の講義では、極限値を厳密に定義するため、自然数に関するペアノの公理から出発して、有理数を定義し、その截断として実数を定義するという本格的な順序で進まれました。これは大学の数学科の講義でも初めは学生を悩ませるところで、まして高校でこれを教えるのは非常識と考えられていました。しかし先生はあえてこれを試みられ、しかも極めてたくみに短時間ですまされました。

実は私は前述の高木先生の本でこの内容のことを読んでいたのですが、そのときには論理の筋道を追うのがやっとで、何故そういうことをするのかという意味が十分わかっていませんでした。ところが、先生の講義の中の片言隻語に、その疑問に明快に答えられるところがあり、時折目から鱗が落ちるような快感を味わうことができました。

時々先生は講義の中でわざとデリケートな推論をとばして講義されることがあり、あとで質問に行くとすぐに詳しく説明して頂けました。あるとき先生の御宅に伺ったとき、「この間の講義で、わざと間違えておいた。ここは有名な本でも間違っている。君は気がついたか」と聞かれ、実は気づいていなかったのできまり悪い思いをしたことを、今でも覚えています。

先生の試験問題は難しいので、生徒を悩ませました。今から考えてみると、難しいというのでなく、一味違うのです。普通は習った定理をあてはめればできる問題が出るのですが、先生のはそうではなくて、その定理の証明の本質を理解していないとできないのです。

簡単な例でいいますと、「50を二つに分けて積を最大にせよ」という問題なら、「二数の和が一定のとき、積は二数が等しいときに最大となる」という定理を使えば、二数はともに25ということがすぐわかります。ところが先生の問題は「50を互いに素な二数に分けて、その積を最大にせよ」という風です。前の定理をつかって出るのは25、25で、これは互いに素といえません。しかし前の定理の証明をよく見ると、二数の積は和の二乗と差の二乗との差の四分の一であることを基礎としています。したがって、この場合和は50ですから、差を小さくする程、積が大きくなります。差が0(25、25)のとき、2(24、26)のときは互いに素でないから駄目で、差が4(23、27)のときはじめて、うまく行きます。

定理をたくさん道具箱に用意しておいて、それを巧みに使うというのは、最近流行の数学利用者のやり方です。これに対し、数学の定理の本質をその証明から摑みとって、新しい定理を見つけ、新しい理論を創造するというのが、数学研究者の仕事です。近藤先生は数学研究者として授業に臨まれたので、講義も試験問題も普通のとは一味も二味も違っていたのだと、今になって感服しています。

先生の御遺族の方は、先生は書いたものを何も残されなかったといって居られます。私の想像するところでは、恐らく先生は何度も書き始められたのですが、次から次へとよいアイデアが湧いてきて、書き直しを重ねられたのではないかと思います。凡人ならばいい加減に妥協してでっちあげるのですが、非凡な完璧主義者の先生には、それができなかったのでしょう。

八高卒業後、先生の御宅に伺ったとき、「数理新講」という本を書こうと思っているといわれ、その構想について説明して下さったことがあります。この本は当時の高校の数学の一歩手前くらいから、大学初年級の数学までくらいをカバーする内容のもので、永年の八高教授としての御経験を軸に、先生独特の深い思索をこめて書こうというものでした。私は先生の講義やお話から、通常の書物に見られない深みのある御説明をいくつも聞いて居り、それがその後の研究に大変役立ちましたので、是非先生が一日も早く書きあげられることを望んでいました。

もしこれが出版されていたら、新制大学の教養課程の学生、特に数学研究をこころざす学生の心を弾ませるような名著になったと思います。先生は何度も書き始められたでしょうが、推敲を重ねつづけて、完成されず、遂に幻の書となってしまいました。まことに残念に思います。

私は数学研究者として五十年を過ごしましたが、八高時代に三年間先生の御薫陶を受けることができたのは、本当に幸いであったと思います。改めて先生の御学恩に深く感謝致したいと思います。

最後に、先生の御宅に伺うたびに接することができた奥様の優しいお姿を思い出し、一つだけ思い出話を書きたいと思います。先生からお話を聞いているとき、奥様がお茶と作りたての湯気の出ている饅頭を出して下さいました。先生はそれには一顧も与えず、夢中になって話を続けられるので、私も手を出すこともできずに、話を伺っていました。奥様がお茶を入れかえに来られても、先生は話をやめられず、奥様は静かに冷めたお茶と饅頭をひきとって行かれ、暫くして、暖かいお茶と湯気の出ている饅頭をもってこられ、今度は私に向かって、「冷めない内にお召し上がり下さい」といわれました。それで私は話を聞きながら頂きました。その時の饅頭のおいしさは格別でした。

（一九八七）

十時君の思い出

思い起こせば、十《と》時《とき》東生《はるお》君(九州大学名誉教授)と親しく話をしたのは、一九六〇年代のなかば頃、九州大学に集中講義に伺ったときであろうか。その頃、十時君は既にエルゴード理論の研究も軌道に乗って、シンポジウムで講演をして居られたが、講義はよく整理されていて、分かりやすかった。特に黒板に書かれる字がとても綺麗で、ノートをとるのも楽であった。

その頃京都大学(京大)の教養部で確率統計を教えられるいい先生を紹介してほしいという話があり十時君の名をあげておいたが、その後間もなく、京大教養部に来られ、一年程して、数理解析研究所に移られた。私は一九六六年から約十年間、デンマークのオルフス大学とアメリカのコーネル大学にいたので、京都で十時君とゆっくり話し合う機会がなかった。

幸いに一九六八年に十時君がドイツに来られた。多分エルランゲン大学のヤコブス教授の所で、一ヶ月程居られたのであろう。その時どう話が進んだのかは、はっきり覚えていないが、私がいたオルフス大学に一年間きて頂くことになった。大学では、講義もして頂いたが、相変らずまとまりのよい講義をされた。また二人で数学の話を日本語でできるので楽しかった。十時君の説明は講義と同様極めて明晰なので、私は得る所が多かった。

私は家族と一緒にいたが、十時君は単身で、日本食を作るのも大変だろうというので、週末には、私の家にきて頂いた。時には泊って頂くこともあった。お蔭で家族ともども心の触れあうつきあいをすることができた。

十時という姓は珍しいとおもっていたが、家は室町時代からのお寺であると聞いて、十時君の何となく俗ばなれのした、和やかな人柄の由来がわかるような気がした。

何時だったか、十時君とスウェーデンから来ていた若い数学者を夕食に招いて、日本食を御馳走したことがあった。スウェーデンでは、「そば」は食べないらしいので、スープにそばを入れることにした。欧米は、食事の際に音を立てるのを非礼と考えているので、「すする」とか「舌鼓をうつ」ということがない。それで、そばを二センチ程の長さにきって、「そばスープ」という形にして出し、スプーンですくって食べた。例によって十時君だけは一泊して頂くことになったが、十時君も私もあんな食べ方では、そばを食べた気がしないといいだし、家族も一緒に「ざるそば」を作って食べることにした。今度は、皆遠慮せずに、音をたてて、すすって食べ、これが本当の「そばの味」だと大笑いをした。

十時君が泊られる夜には、私と娘(当時中学生)が十時君から碁を習うということにした。私達は碁のルールだけ知っているという程度だったので、六目おいて打って貰った。私はさぞかし、十時君はつまらなかったと思うが、そんな素振りは少しも見せなかった。私が「十時さんはいい加減にあしらっているのでしょう」というと、「いや、場面ごとに自分として最良と思う手を打っています。そうしないと、自分も進歩しませんから」といってくれた。相手がじぶんより遥かに劣っていても見下すということをしなかった。

実は娘の方が進歩が早く、のみこみがよかったし、十時君自身も心の中ではそう思っていたであろうが、そんなことは決して口にしなかった。ある日私がとんでもない手を打ったら、流石の十時君も「こんなことはお嬢さんは絶対になさいませんがね」といった。これが、私が聞いた唯一のきつい言葉であった。しかしその言葉の裏に、娘をほめている気持ちが感ぜられ、親馬鹿の私は少しもつらいとは思わなかった。十時君は無意識の中《うち》に、そういう思いやりの出来る人であった。

その後、私も京大に戻り、十時君と一緒に数理解析研究所に勤めることになった。ある日十時君の身体の具合がよくないというので、担当のお医者さんと話をしたが、その時私は非常に心配した。十時君には勿論、誰にも話さなかったが、私は独りで、いいようのないつらい思いをした。入院されたときには、手術の成功を祈るような思いであった。幸いにも手術後の経過はよく、退院後、健康も快復して、一九八一年には、広島大学教授に栄転された。その後久し振りに、すっかり元気になった十時君の姿を見たときには、嬉しさのあまり、涙が出そうになった。

十時君は広島大学でも、エルゴード理論の研究を続けられ、幾多のすぐれた業績をあげられた。オルフスで、私と娘に碁を教えてくれたときのような温かい態度で、広島大学の学生に接して、学生からも慕われている十時君の姿が目に見えるようであった。

その十時君が、再び病を得て昨年六月遂に不帰の客となられた。しかし、彼の温容は私の脳裏から消え去ることはない。彼の優しさに触れた誰もが同じ思いであろう。

（一九九二）

河田敬義君の思い出

畏友河田《かわだ》敬義《ゆきよし》君が他界されてから、半年近くになる。昭和十(一九三五)年に東京大学理学部数学科に入学して、河田君と知りあってから、戦前、戦中、戦後に亘る五八年間、友人として親しくして頂いた。この間の激しい世相の移り変わりに翻弄され、多忙に紛れて、ゆっくり旧交を暖める暇もないまま、河田君に先立たれてしまった。

河田君に感謝したいとかねがね思い続けてきたことがある。実は、このことについては、河田君の三十日祭のときに簡単に話したのであるが、私の心に深く残っている思い出なので、この機会に、その背景を含めて、少し詳しく文章の形でのべておきたい。

河田君はその業績からわかるように、学生時代から、代数学、整数論を中心に、数学全般に研究を進め、既に学者の風格があった。当時私は数学の本をいろいろ乱読して中心が定まらず、ボヤボヤしていた。その内に、大数の法則やエルゴード論を通じて、ランダムな現象に数学的法則がありそうだということを感じて、確率論に興味をもち始めた。当時は数学科の学生も各クラス十数人で、確率論の講座もなく、私の漠然とした話を聞いてくれる友人もなかった。唯一人数学の全分野に亘って勉強している河田君だけは例外であった。

大数の弱法則と中心極限定理は、有限個の確率変数に関するものなので、やや分ったような気になれたが、大数の強法則は可算無限個の確率変数に関するもので、どうもはっきり理解できなかった。これは数学のある定理の証明がわからないというような数学の中の問題ではなくて、数学以前の定式化の問題である。こんな疑問にも河田君は一緒に考えてくれた。彼はいろいろの本をよく読んでいて、「フレッツェの本に基本集合の上に確率という集合関数を考え、確率変数をこの集合上で定義された関数として表現するというアイディアがある。この考えで大数の強法則は定式化できる」と教えてくれた。

しかし大数の強法則の場合には、基本集合とは何かというと、確率変数の可算列のとり得る値の全体、すなわち可算無限次元空間であり、この集合の上に確率測度をどのように入れるかということになる。有限個の座標できまる筒集合についてはよいが、大数の強法則は無限個の座標に関するものであるから、やはりはっきりしないということになった。こうして河田君も私もコルモゴロフの名著『確率論の基礎概念』に辿り着いた。

私たちが東大に入学して間もない頃、河田君と小平邦彦君と一緒に丸善に行ったとき、この本が展示してあった。そのときには、これが確率論の本とは到底思えず、ただ眺めただけですませたが、今度は本気で読む気になった。私がこの本の中の「コルモゴロフの拡張定理」の重要性を強調すると、彼はすぐには賛成しなかったが、私がしつこく言うと、「つまり君は存在定理が重要だといいたいのだね」といってくれた。この言葉で自分のいいたかったことが、自分でわかったような気がした。測度論的確率論を始めから習う現在の学生から見れば、何をもたもたしていたのかと思うかも知れないが、当時は河田君も私も大真面目に議論してやっと辿り着いた結論であった。今ふりかえると、恥ずかしいともいえるが、むしろ懐かしい気がする。

その頃まで、確率論が数学の一分野といえるかについて、疑問をもっていたが、コルモゴロフの本によって、やっと確率論に興味がもてるようになった。関連の論文や本を読んでいる中《うち》に、ポール・レヴィの加法過程に関する名著『独立確率変数の和の理論』に深い感銘を受けたが、その直感的な推論のしかたには、ついて行けない所がいくつかあった。それでコルモゴロフ流の方法で、レヴィの理論を自分の納得できる形に書き換えようと試みたが、大きい障害が立ちはだかって、一歩も進めなくなった。

この頃には、河田君はその専門の代数学、整数論の分野で仕事をし始めていたが、私は彼にあうと、いつも自分の問題について話した。彼は私の問題をよく理解して耳を傾けてくれた。ある時、これに関連したドゥブの論文が出ていることを知らせてくれた。彼は当時数学教室の助手をしていて、新着の図書・論文を一覧していたので、ドゥブの論文に目をとめたのであろう。

早速ドゥブの論文を読み、コルモゴロフの本にある枠組みだけでは、レヴィの理論を厳密に定式化することは不可能で、ドゥブの提唱する可分変形の概念が必要であることを知った。こうして、私はやっとレヴィの分解定理を厳密に定式化し、かつ証明することができた。これでいくらか自信もついたので、加法過程の一般化であるマルコフ過程の研究に進む計画を立てた。これが、その後、長期間に亘る私の研究生活の出発点となった。

ドゥブはその頃まだ有名でもなかったし、私も多数の論文、著書を渉猟するタイプでなかったから、もし河田君がドゥブの論文を知らせてくれなかったら、私は挫折し、確率論に興味をもち続けられなかったかも知れない。その後五十年以上経た今、河田君に対し深い感謝の念が湧きでてくる。この思いを彼に伝えることができないのが残念でたまらない。

河田君との長い交友関係で思い出すことは数多くあるが、今でも目に映るのは、私がデンマークのオルフス大学にいた頃（一九六六–六九）のことである。秋月康夫先生、吉田耕作先生と河田君の三人が、国際数学者会議(モスクワ)の帰途、オルフス大学を訪問された際、拙宅にお招きした。秋月先生はウィスキーを随分召され、吉田先生も嗜まれたが、河田君はジュースを飲んでいた。興が乗ってくるにつれて、秋月先生が得意の和歌を数首机上の「レポート用紙」に書かれると、吉田先生も一首書かれ、最後に河田君も一首書いた。この「レポート用紙」はかなり長く保存していたが、転居を重ねる中《うち》に紛失してしまい、今では和歌もはっきりは覚えていない。

秋月先生と吉田先生とは談論風発であったが、これを静かに聞いていた河田君は、帰り際に「実は伊藤君に話したいことがあったが、先生方の話が弾むので、いうことができなかった。次の機会に話したい」といった。あとで家内が「河田先生は前に来られた時にも、同じことを仰しゃった」といって微笑した。私もそんな気がする。

(一九九四)

初出一覧

Ⅰ　忘れられない言葉

忘れられない言葉（文部省大臣官房情報処理課編「教育と情報」、一九七八・一二）
数学の研究を始めた頃（道──昭和の一人一話集、一九八四）
直観と論理のバランス（追想高木貞治先生、一九八六）

Ⅱ　数学の二つの柱

科学と数学（数学セミナー、日本評論社、一九七八・九）
数学の二つの柱（科学、岩波書店、一九八〇・五）
かわった学生（数学セミナー、日本評論社、一九八三・七）
色即是空、空即是色（月刊健康、一九九二・一〇）

Ⅲ　数学の楽しみ

数学者と物理（岩波講座基礎数学月報、岩波書店、一九八四・三）
オイラーの応用数学（岩波講座応用数学月報、岩波書店、一九九三・一一）
数学の楽しみ（岩波講座現代数学の基礎月報、未発表、一九九七頃）

数学の科学的側面と芸術的側面（月刊マセマティクス、海洋出版、一九八〇・一）

Ⅳ　確率論とは何だろうか

確率論の歴史（日本アクチュアリー会会報、一九八九・三）
組合せ確率論から測度論的確率論へ（京大弘報、京都大学理学部、一九八八・三）
コルモゴロフの数学観と業績（数学セミナー、日本評論社、一九八八・一〇）

Ⅴ　確率論と歩いた六十年

確率論と歩いた六十年——京都賞受賞記念講演（稲盛財団、一九九八・一一）
確率解析の研究を振り返って（科学、岩波書店、二〇〇六・四）

Ⅵ　思い出

秋月先生の思い出（遺香——秋月先生を偲んで、一九八五）
近藤鉦太郎先生と数学（近藤鉦太郎先生記念文集(八高)、一九八七）
十時君の思い出（十時東生——人と数学、一九九二）
河田敬義君の思い出（河田敬義追想集、一九九四）

〈付録〉確率微分方程式——生い立ちと展開（数理科学、サイエンス社、一九七八・一一）

あとがきにかえて

　本書に収録された父のエッセイは、その初出一覧によれば、一九七八年から二〇〇六年までの二八年間に書かれています。それは一九一五年から二〇〇八年までの九三年を生きた父の晩年に限られた歳月です。その二八年間の中ほど一九九三年に、岩波講座応用数学の月報に寄稿した「オイラーの応用数学」は、私にとっては本書が初見でしたが、オイラーについて父の語る多様なエピソードとしてなら、小学生の頃から幾つものVariations(変奏曲)を聴いていました。

　そのいずれも、数学における「オイラーの主題による変奏曲」とは無縁でしたが、父と私の個人的なエピソードと繋がっている点で記憶に残っています。父が、統計局に勤めていて、「厳密で美しい数学の言葉」で論文を書くことを生涯の仕事にしたいと思い始めた頃、一九三九年に、私は生まれ、計子と名付けられましたが、言葉と文字に幼い関心を持った頃から、自分の名前が嫌いでした。統計の計、計算の計、打算的な響きと思ったのです。

父は、「オイラーは、死ぬ直前まで計算をしていたけれど、金銭の計算をしていたわけではない。オイラーが亡くなったのは一七八三年九月七日、当時ペテルブルグにいて、……」。九月七日は父の誕生日で、オイラーはフランス革命の六年前に亡くなったのだというのが、私の記憶の仕方でした。そして、父が「五十年振りに日本アクチュアリー会で講演をした」一九八九年も、フランス革命二百周年と記憶していて、京都で開催された世界数学者会議(ＩＣＭ90)の前年ということは、後になって知りました。フランス革命の時代を、小学生の私に吹き込んだ『二都物語』は、父が学生時代に買った旧版の岩波文庫で、新しい本の買えない戦後の時代に、私の愛読書でした。

オイラーの死に関しては、彌永昌吉先生がコンドルセによる追悼文を『数学者の20世紀』(岩波書店)で紹介しておられます。先生の記事を、父は一九四一年の、私は二〇〇〇年の、秋の日に拝読したのでしたが、私は、ここで半世紀ぶりに「父の語るオイラー」にめぐり逢った気がしました。孫引き、もしかすると曽孫引きの引用で恐縮ですが、ここに写させていただきます。

Condorcet: Eloge D'Euler

「一七八三年九月七日、その頃ヨーロッパ中で問題となっていた気球の上昇力についいて石盤の上で計算してみた後、彼は彼の家族およびレクセル氏と一緒に夕食をとりつつ、ハーシェルの発見した天王星およびその軌道の計算について話した。その後しばらくして、彼は孫を傍らに呼び、何杯かの茶を飲みながら、孫をからかっていたが、急に彼の持っていたパイプが手から落ちた。そのとき彼は計算することを止め、同時にその生涯を終わったのである。(Il cessa de calculer et de vivre.)」

＊

蛇足になりますが、手元の小百科事典 LE PETIT LAROUSSE(一九九六年版)には、「コンドルセはフランスの数学者・哲学者・経済学者・政治家。一七九四年ジロンド党員として捕えられ、処刑の前に服毒自殺。一九八九年に復権され、アカデミー・フランセーズによりパンテオンに遺骨が合祀された(要旨)」と記されています。フランス革命二百周年の一九八九年には、日本でもいずれかの新聞や雑誌に関連記事があったように記憶しています。

＊

最後になりましたが、数学の専門書ではない本書が、他ならぬ岩波書店から刊行されることは、亡き父にとっても、私ども遺族にとっても望外の幸せでした。発刊に至るまでには、父が生前から格別のお世話になった池田信行先生、高橋陽一郎先生、岩波書店の吉田宇一氏をはじめ、多くの方々に温かいお力添えを頂きました。あらためて心からの感謝を申し上げて、あとがきにかえさせて頂きたいと思います。ありがとうございました。

二〇一〇年の秋の日に

児島計子

伊藤 清　略年譜

1915(大正 4).9.7	三重県桑名市生まれ.
1938(昭和 13).3.	東京帝国大学理学部数学科卒業.
1938(昭和 13).4.	大蔵省専売局.
1939(昭和 14).5.	内閣統計局.
1943(昭和 18).4.	名古屋帝国大学理学部助教授.
1952(昭和 27).4.	京都大学理学部教授.
1954-56	米国プリンストン高等研究所研究員.
1961-64	米国スタンフォード大学客員教授.
1967.10-1969.6	デンマーク国オルフス大学教授.
1969.7-1975.1	米国コーネル大学教授(この間京都大学教授を辞任).
1975(昭和 50).2.	京都大学数理解析研究所教授.
1976(昭和 51).4.	同所長.
1978(昭和 53).1.	朝日賞(「確率過程の研究」)
1978(昭和 53).6.	日本学士院賞恩賜賞(「確率微分方程式の研究」)
1979(昭和 54).4.	京都大学名誉教授.
1979-81	日本数学会理事長.
1979(昭和 54).4.	学習院大学理学部教授.
1985(昭和 60).6.	藤原賞(「確率解析の理論の研究」)
1985-1986	米国ミネソタ大学客員教授(1 年間に亘る国際シンポジウムの統括として).
1987(昭和 62).4.	勲二等瑞宝章
1987.5.	ウルフ賞(「確率解析の創始」)
1991(平成 3).12.	日本学士院会員
1998.11.	京都賞(「確率解析の基礎理論の構築」)
2003(平成 15).11.	文化功労者
2006.8.	第 1 回ガウス賞(数学外の分野にも功績ある数学者)
2008(平成 20).11.	文化勲章
2008(平成 20).11.10	呼吸器不全のため京都市内の病院にて死去. 93 歳.

本書は、二〇一〇年九月に岩波書店から刊行された。

〈付録〉

確率微分方程式——生い立ちと展開

1　Markov 過程の見本路の表現

1940 年頃，私が確率微分方程式という考えを思いついたのは，Kolmogorov の有名な論文“確率論における解析的方法”(Math. Ann. 1931) を読んだときである．$\{X_t\}$ を Markov 過程(現在の言葉では連続 Markov 過程)とすると，その各時点における変動が

$$E(X_{t+\varDelta}-X_t|X_t=x) = a(t, x)\varDelta+o(\varDelta) \quad \text{(K. 1)}$$
$$V(X_{t+\varDelta}-X_t|X_t=x) = b(t, x)\varDelta+o(\varDelta) \quad \text{(K. 2)}$$

で定まるというのが，Kolmogorov の理論の出発点である．特に $\{X_t\}$ が Wiener の Brown 運動(Wiener 過程) $\{B_t\}$ のときには

$$E(B_{t+\varDelta}-B_t|B_t=x) = 0$$
$$V(B_{t+\varDelta}-B_t|B_t=x) = \varDelta$$

となるから，$X_{t+\varDelta}-X_t$ は $B_{t+\varDelta}-B_t$ から

$$X_{t+\varDelta}-X_t = a(t, X_t)\varDelta+\sqrt{b(t, X_t)}\,(B_{t+\varDelta}-B_t)+o(\varDelta)$$

として得られるであろうと想像し，確率微分方程式

$$dX_t = a(t, X_t)dt+\sqrt{b(t, X_t)}\,dB_t \qquad (1.1)$$

を考え，これを解いて，連続 Markov 過程の見本路を Brown 運動の見本路から定めようと考えた．

　このような象徴的な意味では，S. Berstein も P. Lévy も考えている．P. Lévy は上の式を

$$dX_t = a(t, X_t)dt + \sqrt{b(t, X_t)}\,\xi_t\sqrt{dt}$$

と書いて，$\{\xi_t\}$ は独立な標準 Gauss 分布 $N_{0,1}$ にしたがう確率変数であるといっている．ここで大切なことは(1. 1)にはっきりとした数学的意味を与えることである．それで(1. 1)を積分の形に直して

$$X_t = X_0 + \int_0^t a(s, X_s)ds + \int_0^t \sigma(s, X_s)dB_s \quad (1.\,1') \qquad (\sigma = \sqrt{b})$$

と書いて，これに意味を与えることにした．

　(1. 1′)の第 1 の積分については問題はないが，第 2 の積分は Brown 運動 $\{B_t\}$ の見本路が有界変動ではないから，Stieltjes 積分として定義することはできない．このように考えて，

$$\int_0^t Y_s dB_s \qquad (1.\,2)$$

の形の積分を上の目的に役立つように定義しようと試みた．Kolmogorov は，$a(s, x)$, $b(s, x)$ の連続性は仮定しているから，$\{Y_t\}$ が連続な確率過程の場合を考えればよいが，

それだけでは(1. 2)の積分は定義できない．よく考えてみると，X_0 を常数 x として出発し，X_{dt} を(1. 1)で定め，次に X_{2dt} を再び(1. 1)で定め，以下同様にしていくので，X_t は $(B_s, s\leqq t)$(Brown 運動の t 以前の行動)の関数になっているはずである．したがって $\sigma(t, X_t)$ も $(B_s, s\leqq t)$ の関数である．だから，(1. 2)の $\{Y_t\}$ がこの性質をもっていると仮定してよい．この性質に注目すると，

$$\int_0^t Y_s dB_s = \lim_{|\varDelta|\to 0} \sum_{i=1}^{n} Y_{s_{i-1}}(B_{s_i} - B_{s_{i-1}}) \qquad (1.\ 3)$$

(確率収束の意味で)

$$\varDelta = \{0=s_0<s_1<\cdots<s_n=t\},$$
$$|\varDelta| = \max(s_i - s_{i-1})$$

が確定する．ここで $Y_{s_{i-1}}$ をとることが大切で，Stieltjes 積分の場合のように，$Y_{\tau_i}(s_{i-1}\leqq\tau_i\leqq s_i)$ をとったのでは，うまくいかない．この点については，その後物理学者や工学者の間で物議をかもしたが，これについては Stratonovich の積分と関連して後で述べる．しかし私自身は，(1. 1)の直観的意味から考えて，$Y_{s_{i-1}}$ をとることに，何の抵抗も感じなかったし，また Markov 過程の精神からいえば，むしろ自然であると考えた．

方程式(1. 1)の意味がはっきりしたから，これを解けばよい．$\sigma\equiv 0$ のときには，普通の積分方程式となって，Picard の逐次近似法で解けるので，それにならって，$\sigma\neq 0$ のときにも，同じ方法を適用することにした．実際

$a(t, x), \sigma(t, x)$ が x に関して Lipschitz 条件

$$\begin{aligned} |a(t, x)-a(t, y)| &\leqq K|x-y|, \\ |\sigma(t, x)-\sigma(t, y)| &\leqq K|x-y| \end{aligned} \tag{1.4}$$

(K は t に無関係)

を満たしているときには，(1.1′)の解が一意に定まり，その解が Markov 過程を定め，しかもはじめに述べた Kolmogorov の条件(K.1)，(K.2)を満たしていることが示される．

以上が確率微分方程式を思いついた背景である．その後，日本では渡辺信三(京大)，国田寛(九大)の両氏が J. L. Doob のマルチンゲールの理論を用いて確率積分の定義を一般化し，フランスでも P. Meyer(Strasbourg)始めそのグループの人が同じ方向の更に進んだ研究をなし，アメリカ，ソ連，フランスで，確率微分方程式の応用に関する研究が盛んになって，今では確率論の中の重要な分野の一つとなり，この理論と応用に関する国際シンポジウムが，いくつも開催されている．私がこの理論を始めた頃は，第二次世界大戦の最中で，印刷も容易でなく，大阪大学の『全国紙上数学談話会誌』(1942 年謄写版刷り)に日本語で書いて発表させて貰ったが，興味をもってくれた人は二，三人であった．今の状態と比較して今昔の感に堪えない．

2　確率積分と確率微分の性質

現在では確率積分も確率微分も極めて一般化されている

が，話を分かり易くするために，Wiener 過程(Brown 運動)を基礎にした最も古典的な場合について説明する．また可測性に関する細かい議論はさけて，筋道が分かるようにしたい．$B=\{B_t, 0\leqq t<\infty\}$ を Wiener 過程とする．確率過程 $X=\{X_t\}$ が

(A)　すべての t に対し，X_t が $\{B_s, 0\leqq s\leqq t\}$(B の過去の行動)の関数となっているとき，X は B に適合しているという．

$$X_t^{(1)} = f(t) \quad (f(t)\text{ は }t\text{ のみで定まる連続関数})$$

$$X_t^{(2)} = B_t^2+B_{t/2}^2, \quad X_t^{(3)} = \int_0^t (B_s^3+B_s)ds$$

などは，いずれも B に適合している．X_t が t に関して連続で，かつすべての t に対し

$$E\left\{\int_0^t X_s^2 ds\right\} < \infty$$

であり，しかも B に適合しているとき，$X=\{X_t\}$ は $\mathscr{C}_2(B)$ に属するということにする．上にあげた $X^{(1)}, X^{(2)}, X^{(3)}$ はいずれも $\mathscr{C}_2(B)$ に属する．

$X\in\mathscr{C}_2(B)$ のとき，その積分

$$Y_t = \int_0^t X_s ds, \quad 0\leqq t<\infty \tag{2.1}$$

はやはり $\mathscr{C}_2(B)$ に属する．さて $X\in\mathscr{C}_2(B)$ に対して，そ

の確率積分を

$$\int_0^t X_s dB_s = \lim_{|\Delta|\to 0} \sum_{i=1}^{n} X_{s_{i-1}}(B_{s_i} - B_{s_{i-1}}) \qquad (2.2)$$

で定義する．Δ は(1.3)に述べたのと同様で，lim は自乗平均収束を意味する．B の将来の増分 $B_{t+\Delta} - B_t$ が B の過去の行動 $\{B_s, s \leqq t\}$ とは独立であるという点を考慮して，この定義が確定した意味をもち，次の性質をもつことを証明することができる．

$$E\left(\int_0^t X_s dB_s\right) = 0 \qquad (\mathrm{I}.1)$$

$$E\left(\left(\int_0^t X_s dB_s\right)^2\right) = E\left(\int_0^t X_s^2 ds\right) \qquad (\mathrm{I}.2)$$

$X \in \mathscr{C}_2(B)$ のときに，その確率積分

$$Y_t = \int_0^t X_s dB_s$$

も $\mathscr{C}_2(B)$ に属することは，(1.3)と上の(I.2)からすぐに証明される．

さて Wiener 過程 $B = \{B_t, 0 \leqq t < \infty\}$ は有界変動ではないから，

$$\int_0^t |dB_s| = \lim_{|\Delta|\to 0} \sum_{i=1}^{n} |B_{s_i} - B_{s_{i-1}}| = \infty$$

であるが，2次の変動は有限で

$$\int_0^t (dB_s)^2 = \lim_{|\varDelta|\to 0} \sum_{i=1}^n (B_{s_i} - B_{s_{i-1}})^2 = t$$

である($\varDelta$, $|\varDelta|$ の意味は(1. 3)と同様)．これにより

$$\begin{aligned} B_t{}^2 - B_0{}^2 &= \sum_{i=1}^n (B_{s_i}{}^2 - B_{s_{i-1}}{}^2) \\ &= \sum_{i=1}^n 2B_{s_{i-1}}(B_{s_i} - B_{s_{i-1}}) + \sum_{i=1}^n (B_{s_i} - B_{s_{i-1}})^2 \end{aligned}$$

$|\varDelta| \downarrow 0$ として

$$B_t{}^2 - B_0{}^2 = \int_0^t 2B_s dB_s + t$$

となる．一般に

$$f(B_t) - f(B_0) = \int_0^t f'(B_s)dB_s + \int_0^t \frac{1}{2} f''(B_s)ds$$

が成り立つ．上の二式で第2項のつく所が普通の積分と異なるが，これは $B=\{B_t\}$ が有界変動でなく，しかも確率積分の定義の仕方(式(2. 2))からくる．これを避けるために Stratonovich は

$$(S)\int_0^t X_s dB_s = \lim_{|\varDelta| \downarrow 0} \sum_{i=1}^n \frac{X_{s_{i-1}} + X_{s_i}}{2} (B_{s_i} - B_{s_{i-1}}) \quad (2.3)$$

で定義し，対称確率積分と呼んでいる．この定義ができる

ためには，X に対して少し強い条件をおく必要があり，しかも上の性質(I. 1), (I. 2)は成り立たない．実は確率積分は $\mathscr{C}_2(B)$ よりもずっと広いクラスにまで拡張できるので，この点では対称確率積分よりも都合がよい．しかし，ある種の問題では，そういう広い範囲で考える必要がないので，対称確率積分の方が便利なこともある．

さて

$$X_t = X_0+\int_0^t Y_s dB_s+\int_0^t Z_s ds \quad (X_0 \text{ は } B \text{ と独立})$$

のときには

$$dX_t = Y_t dB_t+Z_t dt$$

と書いて，これを確率微分とよぶことにする．確率微分に関しては，変換公式は

$$\begin{aligned} &df(X_t^1, X_t^2, \cdots, X_t^n) \\ &\quad = \sum_{i=1}^n \partial_i f\cdot dX_t^i+\frac{1}{2}\sum_{i,j=1}^n \partial_i\partial_j f\cdot dX_t^i\cdot dX_t^j \quad (2.4) \end{aligned}$$

となる．ここで $dX_t^i\cdot dX_t^j$ は形式的に計算して，

$$(dB_t)^2 = dt, \quad dB_t\cdot dt = 0, \quad (dt)^2 = 0$$

とおけばよい．さて

$$X_t = X_0+(S)\int_0^t Y_s dB_s+\int_0^t Z_s ds$$

のときに

$$dX_t = Y_t \circ dB_t + Z_t dt$$

と書くことにすると，変換公式は

$$df(X_t^1, X_t^2, \cdots, X_t^n) = \sum_{i=1}^{n} \partial_i f \circ dX_t^i \qquad (2.5)$$

となり，微積分における変換公式と同じ形になる．

(2.4)，(2.5)は同じ事実を表わしているので，(2.5)は(2.4)よりもいい形に見えるが，適用範囲は狭い．しかし問題によっては，(2.5)は極めて便利である．

$X_t \circ dB_t$ と $X_t dB_t$ との関係は

$$X_t \circ dB_t = X_t dB_t + \frac{1}{2} dX_t \cdot dB_t$$

である．一般に

$$X_t \circ dY_t = X_t dY_t + \frac{1}{2} dX_t \cdot dY_t \qquad (2.6)$$

である．これを用いて

$$dX_t = X_t dB_t \qquad (2.7)$$

を解いてみよう．(2.6)を用いて変形して

$$
\begin{aligned}
dX_t &= X_t \circ dB_t - \frac{1}{2} dX_t \cdot dB_t \\
&= X_t \circ dB_t - \frac{1}{2} X_t (dB_t)^2 \\
&= X_t \circ dB_t - \frac{1}{2} X_t dt \\
&= X_t \circ d\left(B_t - \frac{1}{2} t\right) \qquad (2.8)
\end{aligned}
$$

したがって，普通の微積分のように

$$
X_t = X_0 \exp\left(B_t - \frac{1}{2} t\right) \qquad (2.9)
$$

とすればよい．実際(2.5)により

$$
\begin{aligned}
dX_t &= X_0 \exp\left(B_t - \frac{1}{2} t\right) \circ d\left(B_t - \frac{1}{2} t\right) \\
&= X_t \circ d\left(B_t - \frac{1}{2} t\right) \qquad ((e^x)' = e^x \text{ による})
\end{aligned}
$$

となり，(2.9)が(2.8)の解(したがって(2.7)の解)となることが証明できた．

確率積分や確率微分は，必ずしも Wiener 過程を基礎にする必要はなく，もっと一般にマルチンゲール理論を背景として考えるべきであることは，J. L. Doob が指摘し，渡辺信三，国田寛の両氏が極めて一般な美しい理論を作り，

その場合にも変換公式が成り立つことを示した．また P. Meyer はさらに精密巧緻な理論を組立てている．これらの現代理論については

渡辺信三著　確率微分方程式(産業図書，1976)

を参照されたい．

3　確率微分方程式の解法

本稿のはじめに Kolmogorov の連続 Markov 過程の道を定めるには，確率微分方程式

$$dX_t = a(t, X_t)dt + \sigma(t, X_t)dB_t, \quad X_0 = x \qquad (\sigma = \sqrt{b})$$

を解けばよいことを述べた．これは積分方程式

$$X_t = x + \int_0^t a(s, X_s)ds + \int_0^t \sigma(s, X_s)dB_s$$

と同値であるから，この方程式を解くことになる．その方法はいろいろ考えられるが，最も初等的なのは Picard の逐次近似法によるもので

$$X_t^{(0)} \equiv x,$$

$$X_t^{(n+1)} = x + \int_0^t a(s, X_s^{(n)})ds + \int_0^t \sigma(s, X_s^{(n)})dB_s$$

として，$X_t^{(n)}$ の極限が存在することを示し，その極限 X_t が解であることをいえばよい．実際，前述の Lipschitz 条件があれば，それは可能で，また解の一意性も示される．

この解が Markov 過程で，しかも Kolmogorov の条件(K. 1)，(K. 2)を満たすことを示すには，滑らかな関数 f に対して，変換公式を適用して，

$$\begin{aligned} df(X_t) &= f'(X_t)dX_t + \frac{1}{2}f''(X_t)(dX_t)^2 \\ &= f'(X_t)a(t, X_t)dt + f'(X_t)a(t, X_t)dB_t \\ &\quad + \frac{1}{2}f''(X_t)\sigma^2(t, X_t)dt \\ &= \left(a(t, X_t)f'(X_t) + \frac{1}{2}b(t, X_t)f''(X_t)\right)dt \\ &\quad + f'(X_t)a(t, X_t)dB_t \qquad (3.\ 1) \end{aligned}$$

を用いるのである($b=\sigma^2$)．dt の係数は微分作用素

$$(L_t f)(x) = a(t, x)f'(x) + \frac{1}{2}b(t, x)f''(x)$$

を用いると $L_t f(X_t)$ と書ける．微分作用素 L_t は上の Markov 過程の生成作用素とよばれるもので，L_t の共役作用素 $L_t{}^*$ は物理学で Fokker-Planck の微分作用素とよばれるものである．Kolmogorov の理論は，X_t の推移確率

$$p(s, x, t, E) = P\{X_t \in E \mid X_s = x\}$$

が，s, x の関数として

$$\frac{\partial p}{\partial s} = -L_s p, \quad p(t-, x, t, E) = \delta_x(E)$$

の解として得られることを主張しているが，このことも(3.1)から容易に導くことができる．

確率微分方程式は r 次元でも考えられるが，そのときには独立な Wiener 過程 $\{B_t^1\}, \{B_t^2\}, \cdots, \{B_t^r\}$ を基礎として上と同様の理論を展開すればよい．変換公式(2.4)では，$dX_t^i \cdot dX_t^j$ を形式的に計算し，

$$dB_t^i dB_t^j = \delta_{ij} dt, \quad dB_t^i dt = 0, \quad (dt)^2 = 0$$

とおく．

確率微分方程式論も最近は一般化され，この方程式で支配される現象に関する確率制御や確率推定の問題も論ぜられ，その範囲は益々広がっている．

4　落体の運動

統計力学の問題に確率微分方程式が如何に応用されるかを示す簡単な例として落体の運動を考察しよう．

地上 h の高さから質量 m の物体を落すとき，どういう運動をするかを考えてみよう．物体の始めの位置の直下を原点として，東西方向を x 軸，南北方向を y 軸，上下方向を z 軸にとり，落ち始めてから t 秒後の位置の成分を，X_t, Y_t, Z_t，速度の成分を U_t, V_t, W_t とする．運動方程式は

$$U_t = \frac{dX_t}{dt}, \quad V_t = \frac{dY_t}{dt}, \quad W_t = \frac{dZ_t}{dt}$$

$$mdU_t = -\alpha U_t dt + \beta dB_t^1$$
$$mdV_t = -\alpha V_t dt + \beta dB_t^2$$
$$mdW_t = -mgdt - \alpha W_t dt + \beta dB_t^3$$

となる．ここで g は重力常数(980 dyne)であり，α は空気の抵抗による係数で，気圧の高いときに大きくなる．もちろん物体の大きさにも関係する．$\beta dB_t^1, \beta dB_t^2, \beta dB_t^3$ は空気の分子運動による影響を表わすので，β は気温が高いときには大きくなる．B_t^1, B_t^2, B_t^3 は独立な Wiener 過程である．

上の方程式を初期条件

$$X_0 = Y_0 = 0, \quad Z_0 = h, \quad U_0 = V_0 = W_0 = 0$$

で解けばよい．

物体が非常に重いときには，$\alpha/m, \beta/m$ は極めて小さく，これを無視すると

$$X_t = 0, \quad Y_t = 0, \quad Z_t = h - \frac{1}{2}gt^2$$

となる．これは真空中の落体の運動と同じで，物体は鉛直に落ちる．

物体がやや軽くなると，α/m は無視できなくなるが，物体が十分の大きさをもっておれば，分子運動による影響は相殺されるから，β/m は無視してもよい．したがって，このときの運動は

$$X_t = Y_t = 0, \quad Z_t = h - g\frac{e^{-\mu t} - 1 + \mu t}{\mu^2} \qquad \left(\mu = \frac{\alpha}{m}\right)$$

で，やはり鉛直におちる．$\mu \to 0$ のときの極限は前のときと同様であるが，$\mu > 0$ であるから，前の場合よりも遅く落ちて行く．

物体が軽くかつ小さくなってくると(たとえば塵や煤)，α/m も β/m も無視できなくなる．ここではじめて上の方程式は真の意味の確率微分方程式となり，統計力学の問題となる．W_t を求めるには，方程式を書き直して

$$dW_t + \mu W_t dt = -gdt + \nu dB_t^3 \qquad \left(\mu = \frac{\alpha}{m},\ \nu = \frac{\beta}{m}\right)$$

$$e^{\mu t} dW_t + \mu e^{\mu t} W_t dt = -ge^{\mu t} dt + \nu e^{\mu t} dB_t^3$$

$$d(e^{\mu t} W_t) = -ge^{\mu t} dt + \nu e^{\mu t} dB_t^3 \quad (dW_t \cdot dt = 0 \text{ に注意})$$

$$e^{\mu t} W_t = -g\frac{e^{\mu t} - 1}{\mu} + \nu \int_0^t e^{\mu s} dB_s^3 \quad (W_0 = 0 \text{ に注意})$$

$$W_t = \frac{g}{\mu}(e^{-\mu t} - 1) + \nu \int_0^t e^{\mu(s-t)} dB_s^3$$

したがって

$$Z_t = h + \int_0^t W_u du$$

$$= h - \frac{g}{\mu^2}(e^{-\mu t} - 1 + \mu t) + \nu \int_0^t du \int_0^u e^{\mu(s-u)} dB_s^3$$

$$= h - \frac{g}{\mu^2}(e^{-\mu t} - 1 + \mu t) + \nu \int_0^t \int_0^t e^{\mu(s-u)} du dB_s^3$$

（ここで変換公式が用いられていることに注意）

$$= h - \frac{g}{\mu^2}(e^{-\mu t} - 1 + \mu t) + \frac{\nu}{\mu} \int_0^t (1 - e^{\mu(s-t)}) dB_s^3$$

同様に

$$X_t = \frac{\nu}{\mu} \int_0^t (1 - e^{\mu(s-t)}) dB_s^1,$$

$$Y_t = \frac{\nu}{\mu} \int_0^t (1 - e^{\mu(s-t)}) dB_s^2.$$

X_t, Y_t, Z_t の平均をとると，

$$E(X_t) = 0, \quad E(Y_t) = 0,$$

$$E(Z_t) = h - \frac{g}{\mu^2}(e^{-\mu t} - 1 + \mu t)$$

であって，これは丁度 $\nu=0$ のときの解である．平均からの偏差

$$X_t - E(X_t), \quad Y_t - E(Y_t), \quad Z_t - E(Z_t)$$

は独立で，いずれも Gauss 分布に従い，その分散は

$$\frac{\nu^2}{\mu^2} \int_0^t (1 - e^{\mu(s-t)})^2 ds$$

に等しい．これは明らかに t とともに増大する．この場合には，$X_t, Y_t \neq 0$ であるから，物体は直下に落ちるのでは

なく，空中に拡散しながら落ちて行く．煤煙や塵の動きは正にこの様相を呈する．煙突から出た煤煙が地上にどのように散布するかを知るには，地上におちる時 $T=\min\{t: Z_t=0\}$（確率変数）に対し，X_T, Y_T を考え，その結合分布を知ればよいが，これは Gauss 分布とはやや異なるはずである．

（1978. 11）

確率論と私

2018 年 10 月 16 日　第 1 刷発行

著　者　伊《い》藤《とう》 清《きよし》

発行者　岡 本　厚

発行所　株式会社 岩波書店
〒101-8002 東京都千代田区一ツ橋 2-5-5

案内 03-5210-4000　営業部 03-5210-4111
現代文庫編集部 03-5210-4136
http://www.iwanami.co.jp/

印刷・精興社　製本・中永製本

ISBN 978-4-00-600390-6　　Printed in Japan

岩波現代文庫の発足に際して

新しい世紀が目前に迫っている。しかし二〇世紀は、戦争、貧困、差別と抑圧、民族間の憎悪等に対して本質的な解決策を見いだすことができなかったばかりか、文明の名による自然破壊は人類の存続を脅かすまでに拡大した。一方、第二次大戦後より半世紀余の間、ひたすら追い求めてきた物質的豊かさが必ずしも真の幸福に直結せず、むしろ社会のありかたを歪め、人間精神の荒廃をもたらすという逆説を、われわれは人類史上はじめて痛切に体験した。

それゆえ先人たちが第二次世界大戦後の諸問題といかに取り組み、思考し、解決を模索したかの軌跡を読みとくことは、今日の緊急の課題であるにとどまらず、将来にわたって必須の知的営為となるはずである。幸いわれわれの前には、この時代の様ざまな葛藤から生まれた、人文、社会、自然諸科学をはじめ、文学作品、ヒューマン・ドキュメントにいたる広範な分野のすぐれた成果の蓄積が存在する。

岩波現代文庫は、これらの学問的、文芸的な達成を、日本人の思索に切実な影響を与えた諸外国の著作とともに、厳選して収録し、次代に手渡していこうという目的をもって発刊される。いまや、次々に生起する大小の悲喜劇に対してわれわれは傍観者であることは許されない。一人ひとりが生活と思想を再構築すべき時である。

岩波現代文庫は、戦後日本人の知的自叙伝ともいうべき書物群であり、現状に甘んずることなく困難な事態に正対して、持続的に思考し、未来を拓こうとする同時代人の糧となるであろう。

（二〇〇〇年一月）

岩波現代文庫［学術］

G344
〈物語と日本人の心〉コレクションⅠ
源氏物語と日本人
—紫マンダラ—
河合隼雄
河合俊雄編

『源氏物語』の主役は光源氏ではなく、紫式部だった？ 臨床心理学の視点から、現代社会を生きる日本人が直面する問題を解く鍵を提示。〈解説〉河合俊雄

G345
〈物語と日本人の心〉コレクションⅡ
物語を生きる
—今は昔、昔は今—
河合隼雄
河合俊雄編

日本の王朝物語には、現代人が自分の物語を作るための様々な知恵が詰まっている。河合隼雄が心理療法家独特の視点から読み解く。〈解説〉小川洋子

G346
〈物語と日本人の心〉コレクションⅢ
神話と日本人の心
河合隼雄
河合俊雄編

日本人の心性の深層に存在する日本神話の意味と魅力を、世界の神話・物語との比較の中で分析し、現代社会の課題を探る。〈解説〉中沢新一

G347
〈物語と日本人の心〉コレクションⅣ
神話の心理学
—現代人の生き方のヒント—
河合隼雄
河合俊雄編

神話の中には、生きるための深い知恵が詰まっている！ 現代人が人生において直面する悩みの解決にヒントを与える「神々の処方箋」。〈解説〉鎌田東二

G348
〈物語と日本人の心〉コレクションⅤ
昔話と現代
河合隼雄
河合俊雄編

昔話に出てくる殺害、自殺、変身譚、異類聟、夢などは何を意味するのか。現代人の心の課題を浮き彫りにする論集。岩波現代文庫オリジナル版。〈解説〉岩宮恵子

2018.10

岩波現代文庫[学術]

G349
〈物語と日本人の心〉コレクションⅥ 定本 昔話と日本人の心
河合隼雄
河合俊雄編
ユング心理学の視点から、昔話のなかに日本人独特の意識を読み解く。著者自身による解題を付した定本。〈解説〉鶴見俊輔

G350
改訂版 なぜ意識は実在しないのか
永井均
「意識」や「心」が実在すると我々が感じる根拠とは? 古くからの難問に独在論と言語哲学・分析哲学の方法論で挑む。進化した永井ワールドへ誘う全面改訂版。

G351-352
定本 丸山眞男回顧談(上・下)
松沢弘陽
植手通有
平石直昭編
自らの生涯を同時代のなかに据えてじっくりと語りおろした、昭和史の貴重な証言。読解に資する注を大幅に増補した決定版。下巻に人名索引、解説(平石直昭)を収録。

G353
宇宙の統一理論を求めて
—物理はいかに考えられたか—
風間洋一
太陽系、地球、人間、それらを造る分子、原子、素粒子。この多様な存在と運動形式をどのように統一的にとらえようとしてきたか。科学者の情熱を通して描く。

G354
トランスナショナル・ジャパン
—ポピュラー文化がアジアをひらく—
岩渕功一
一九九〇年代における日本の「アジア回帰」を通して、トランスナショナルな欲望と内向きのナショナリズムとの危うい関係をあぶり出した先駆的研究が最新の論考を加えて蘇る。

2018.10

岩波現代文庫［学術］

G355
ニーチェかく語りき
三島憲一

ニーチェを後世の芸術家や思想家はどう読んだのか。ハイデガーや三島由紀夫らが共感した言葉を紹介し、ニーチェ読解の多様性を論ずる。岩波現代文庫オリジナル版。

G356
江戸の酒
―つくる・売る・味わう―
吉田元

酒づくりの技術が確立し、さらに洗練されていった江戸時代の、日本酒をめぐる歴史・社会・文化を、史料を読み解きながら精細に描き出す。〈解説〉吉村俊之

G357
増補 日本人の自画像
加藤典洋

日本人というまとまりの意識によって失われたものとは何か。開かれた共同性に向けた、「内在」から「関係」への〝転轍〟は、どのようにして可能となるのか。

G358
自由の秩序
―リベラリズムの法哲学講義―
井上達夫

「自由とは何か」を理解するには、「自由」を可能にする秩序を考えなくてはならない。法哲学の第一人者が講義形式でわかりやすく解説。

G359-360
「萬世一系」の研究（上・下）
―「皇室典範的なるもの」への視座―
奥平康弘

新旧二つの皇室典範の形成過程を歴史的に検証、日本国憲法下での天皇・皇室のあり方について議論を深めるための論点を提示する。〈解説〉長谷部恭男（上）、島薗進（下）

2018. 10

G361
日本国憲法の誕生 増補改訂版
古関彰一

第九条制定の背景、戦後平和主義の原点を見つめながら、現憲法制定過程で何が起きたかを解明。新資料に基づく知見を加えた必読書。

G363
語る藤田省三
―現代の古典をよむということ―
竹内光浩
本堂明
武藤武美 編

ラディカルな批評精神をもって時代に対峙し続けた「談論風発」の人・藤田省三。その鮮烈な「語り」の魅力を再現する。岩波現代文庫オリジナル版。〈解説〉宮村治雄

G364
レヴィナス
―移ろいゆくものへの視線―
熊野純彦

レヴィナスが問題とした「時間」「所有」「他者」とは何か？ 難解といわれる二つの主著のテクストを丹念に読み解いた名著。〈解説〉佐々木雄大

G365
靖国神社
―「殉国」と「平和」をめぐる戦後史―
赤澤史朗

戦没者の「慰霊」追悼の変遷を通して、国家観・戦争観・宗教観こそが靖国神社をめぐる最大の争点であることを明快に解き明かす。〈解説〉西村明

G366
貧困と飢饉
アマルティア・セン
黒崎卓
山崎幸治 訳

世界各地の「大飢饉」の原因は、食料供給量の不足ではなく人々が食料を入手する権原(能力と資格)の剝奪にあることを実証した画期的な書。

2018.10

G367
アイヒマン調書
―ホロコーストを可能にした男―
ヨッヘン・フォン・ラング編
小俣和一郎訳

ナチスによるユダヤ人殺戮のキーマン、アイヒマン。八カ月、二七五時間にわたる尋問調書から浮かび上がるその人間像とは?
〈解説〉芝 健介

G368
新版 はじまりのレーニン
中沢新一

西欧形而上学の底を突き破るレーニンの唯物論はどのように形成されたのか。ロシア革命一〇〇年の今、誰も書かなかったレーニン論が蘇る。

G369
歴史のなかの新選組
宮地正人

信頼に足る史料を駆使して新選組のリアルな実像に迫り、幕末維新史のダイナミックな構造の中でとらえ直す、画期的〝新選組史論〟。「浪士組・新徴組隊士一覧表」を収録。

G370
新版 漱石論集成
柄谷行人

思想家柄谷行人にとって常に思考の原点であった漱石に関する評論、講演録等を精選し、集成。同時代の哲学・文学との比較など多面的な切り口からせまる漱石論の決定版。

G371
ファインマンの特別講義
―惑星運動を語る―
D・L・グッドスティーン
J・R・グッドスティーン
砂川重信訳

知られざるファインマンの名講義を再現。三角形の合同・相似だけで惑星の運動を説明。再現にいたる経緯やエピソードも印象深い。

G372
ラテンアメリカ五〇〇年
―歴史のトルソー―
清水透

ヨーロッパによる「発見」から現代まで、約五〇〇年にわたるラテンアメリカの歴史を、独自の視点から鮮やかに描き出す講義録。

G373
〈仏典をよむ〉1 ブッダの生涯
中村元
前田專學監修

誕生から悪魔との闘い、最後の説法まで、ブッダの生涯に即して語り伝えられている原始仏典を、仏教学の泰斗がわかりやすくよみ解く。〈解説〉前田專學

G374
〈仏典をよむ〉2 真理のことば
中村元
前田專學監修

原始仏典で最も有名な「法句経」、仏弟子たちの「告白」、在家信者の心得など、人の生きる指針を説いた数々の経典をわかりやすく解説。〈解説〉前田專學

G375
〈仏典をよむ〉3 大乗の教え(上)
―般若心経・法華経ほか―
中村元
前田專學監修

『般若心経』『金剛般若経』『維摩経』『法華経』『観音経』など、日本仏教の骨格を形成した初期の重要な大乗仏典をわかりやすく解説。〈解説〉前田專學

G376
〈仏典をよむ〉4 大乗の教え(下)
―浄土三部経・華厳経ほか―
中村元
前田專學監修

浄土教の根本経典である浄土三部経、菩薩行を強調する『華厳経』、護国経典として名高い『金光明経』など日本仏教に重要な影響を与えた経典を解説。〈解説〉前田專學

岩波現代文庫［学術］

G377
済州島四・三事件
―「島《タムナ》のくに」の死と再生の物語―
文京洙

一九四八年、米軍政下の朝鮮半島南端・済州島で多くの島民が犠牲となった凄惨な事件。長年封印されてきたその実相に迫り、歴史と真実の恢復への道程を描く。

G378
平面論
―一八八〇年代西欧―
松浦寿輝

イメージの近代は一八八〇年代に始まる。さまざまな芸術を横断しつつ、二〇世紀の思考の風景を決定した表象空間をめぐる、チャレンジングな論考。〈解説〉島田雅彦

G379
新版 哲学の密かな闘い
永井均

人生において考えることは闘うこと――哲学者・永井均の、「常識」を突き崩し、真に考える力を養う思考過程がたどれる論文集。

G380
ラディカル・オーラル・ヒストリー
―オーストラリア先住民アボリジニの歴史実践―
保苅実

他者の〈歴史実践〉との共奏可能性を信じ抜く――それは、差異と断絶を前に立ち竦む世界に、歴史学がもたらすひとつの希望。〈解説〉本橋哲也

G381
臨床家 河合隼雄
谷川俊太郎
河合俊雄 編

多方面で活躍した河合隼雄の臨床家としての姿を、事例発表の記録、教育分析の体験談、インタビューなどを通して多角的に捉える。

2018.10

岩波現代文庫［学術］

G382
思想家　河合隼雄
中沢新一
河合俊雄 編

心理学の枠をこえ、神話・昔話研究から日本文化論まで広がりを見せた河合隼雄の著作。多彩な分野の識者たちがその思想を分析する。

G383
河合隼雄語録
カウンセリングの現場から
河合隼雄
河合俊雄 編

京大の臨床心理学教室での河合隼雄のコメント集。臨床家はもちろん、教育者、保護者などにも役立つヒント満載の「こころの処方箋」。〈解説〉岩宮恵子

G384
新版 占領の記憶　記憶の占領
―戦後沖縄・日本とアメリカ―
マイク・モラスキー
鈴木直子 訳

日本にとって、敗戦後のアメリカ占領は何だったのだろうか。日本本土と沖縄、男性と女性の視点の差異を手掛かりに、占領文学の時空間を読み解く。

G385
沖縄の戦後思想を考える
鹿野政直

苦難の歩みの中で培われてきた曲折に満ちた沖縄の思想像を、深い共感をもって描き出し、沖縄の「いま」と向き合う視座を提示する。

G386
沖縄の淵
―伊波普猷とその時代―
鹿野政直

「沖縄学」の父・伊波普猷。民族文化の自立と従属のはざまで苦闘し続けたその生涯と思索を軸に描き出す、沖縄近代の精神史。

2018. 10

岩波現代文庫［学術］

G387
『碧巌録』を読む
末木文美士

「宗門第一の書」と称され、日本の禅に多大な影響をあたえた禅教本の最高峰を平易に読み解く。「文字禅」の魅力を伝える入門書。

G388
永遠のファシズム
ウンベルト・エーコ
和田忠彦訳

ネオナチの台頭、難民問題など現代のアクチュアルな問題を取り上げつつファジーなファシズムの危険性を説く、思想的問題提起の書。

G389
自由という牢獄
―責任・公共性・資本主義―
大澤真幸

大澤自由論が最もクリアに提示される主著が文庫に。自由の困難の源泉を探り当て、その新しい概念を提起。河合隼雄学芸賞受賞作。

G390
確率論と私
伊藤清

日本の確率論研究の基礎を築き、多くの俊秀を育てた伊藤清。本書は数学者になった経緯や数学への深い思いを綴ったエッセイ集。

G391
幕末維新変革史（上）
宮地正人

ペリー来航から西南戦争終結に至る歴史過程の全体像を、人々の息遣いを伝える多彩な史料を駆使し、筋道立てて描く幕末維新通史。

2018. 10

岩波現代文庫[学術]

G393

不平等の再検討
―潜在能力と自由―

アマルティア・セン
池本幸生
野上裕生 訳
佐藤 仁

不平等はいかにして生じるか。所得格差の面からだけでは測れない不平等問題を、人間の多様性に着目した新たな視点から再考察。

G394

墓標なき草原(上)
―内モンゴルにおける文化大革命・虐殺の記録―

楊 海 英

戦慄の悲劇を招いた内モンゴルの文革。その要因と拡大化の過程を、体験者の証言から克明にたどる。第一四回司馬遼太郎賞受賞作。

2018.10